食尚煮妇

慧心写食

张旭玲 著

原来快乐就这样简单

聪明的女人不需要高超的厨艺

简单的泡菜牛肉炒饭让你像孩子一样品味重复的日子

微波干贝煮冬瓜让你领悟爱情是艺术、婚姻是技术的真谛

女人要像做啤酒煮鸡翅那样把握好夫妻之道进退的尺度

当婚姻遭遇第三者时试试四物养颜汤吧

……

这里总有你需要的精致美食和生活态度

U0251233

浙江出版联合集团
浙江科学技术出版社

图书在版编目（CIP）数据

食尚煮妇·慧心写食 / 张旭玲著. — 杭州：浙江科学
技术出版社，2015.11
ISBN 978-7-5341-6791-1

Ⅰ.①食… Ⅱ.①张… Ⅲ.①饮食–文化–中国
Ⅳ.①TS971

中国版本图书馆CIP数据核字（2015）第191726号

书　　名　**食尚煮妇·慧心写食**

著　　者　张旭玲

出版发行　**浙江科学技术出版社**
　　　　　杭州市体育场路347号　邮政编码：310006
　　　　　办公室电话：0571-85176593
　　　　　销售部电话：0571-85176040
　　　　　网　　址：www.zkpress.com
　　　　　E-mail：zkpress@zkpress.com

排　　版　杭州兴邦电子印务有限公司
印　　刷　杭州下城教育印刷有限公司
经　　销　全国各地新华书店

开　　本　787×1092　1/16　　　　印　张　10.5
字　　数　168 000
版　　次　2015年11月第1版　　　　印　次　2015年11月第1次印刷
书　　号　ISBN 978-7-5341-6791-1　　定　价　42.00元

责任编辑　王　群　　　　　　**责任美编**　金　晖
责任校对　王巧玲　张　特　　　**责任印务**　徐忠雷
特约编辑　舒荣华

谨以此书献给那些厨艺一般，
但是热爱生活的女人们！

自序

　　爱，让一切活动都充满了乐趣。基于对烹饪的热爱，下厨对于我充满了创作的快乐，让我从一饭一蔬、一鼎一镬中找到美食本身的韵味；而基于对知识的热爱，让我从阅读和思考中获得了生活的理趣和禅悟。我喜欢在烹饪与世事风景之间找到恰当的关联，将美食和生活哲理完美结合，给食材以灵性、赋菜肴以生命，让美食充满温情与爱意，感悟与思考，让简单的菜肴因充满智慧和温情的文字诠释而活色生香。

　　借助博客这个自由言说的平台，我把自己的小智慧、小情趣与他人分享。那些简单精致的美食和简练睿智的文字，却意外地获得众多的好评，并拥有许多忠实的读者，同时还被多家杂志、报纸长期采用。我对此十分欣喜，也由衷地感谢他们的支持和厚爱。

　　这本书精选了近年来我在博客、杂志和报纸上发表的美食随笔，并对文字和图片做了大量的修改和补充，它将带给读者更多让人垂涎的家常美食和对生活的慧心禅悟。书中既有饮食文化，更有饮食以外的文化，引导读者回归家庭、回归厨房、思考生活、热爱生活、享受生活。

　　"做个快乐女人"是我的生活主张。快乐来自于对生活的热爱，快乐还需要世事通明的豁达心态。在书的第一章至第四章中，我从烹饪饮食的视角出发，以故事和散文的形式表达我对生活、婚姻、男人、女人、爱情的独特思考，并将生活的哲理融入家常菜肴中。希望能够带给读者一个另类的思维空间，学会以睿智、乐观的心态化解生活的困惑，更加快乐地生活。

　　吃的健康已成为都市人的生活追求。"轻食主义"正逐渐成为饮食的新潮流。轻食主义是一种讲究清淡、自然、少量的饮食概念，特

点是选用健康的新鲜食材，采用简单的方式烹制。轻食主义也是我的美食主张。书的第五章是关于时尚养生的理念和菜谱，除了有益身体健康之外，还可以使厨艺欠佳的人也能做出清新健康又不乏美味的餐点，而且省时省力。

当创意和诗情使菜肴成为审美的对象，生活就超越了日常的平凡与琐碎，做菜就成为充满创意的艺术。第六章"煮妇做餐艺"是本书的亮点，餐桌艺术不只是用来果腹的，它是用食材构造的精美画面，表达各种情感，浓缩生活的精彩，是一种生活的情趣。书中除了美食和美文还有许多精致的器皿。我给每道充满生命的菜肴都配上最适合的服饰——餐具，这些餐具和菜肴构成精美的插图，与文字共同诠释生活的禅韵。相信读者在享受膳食之美的同时定会爱上烹饪、爱上厨房。

"简单"始终是我追求的生活方式和美食主张。书中的家常美食操作简单，精巧的食材搭配也许是你想不到但一定能够做得到的。我想告诉大家，做菜其实很简单，只要将普通的食材不同的原料加以组合，结合调味品的经常变化，就可以做出精美的家常菜。许多朋友因为看了我的菜谱而开始喜欢做菜，因为她们发现做出色、香、味俱全的家常菜并不困难。

本书得以出版，需要感谢中央电视台《半边天》栏目的主持人张越老师、金牌编剧王丽萍老师为本书所做的热情推荐，需要感谢本书的编辑以及出版社相关人士为本书付出的辛勤劳动。倘若此书能够帮助读者领略厨艺之美，并拥有快乐的心境，那将是我衷心期盼的。

张旭玲

2015 年 8 月

目 录 *Contents*

小故事中
蕴藏大智慧

第一章　煮妇讲故事
快乐是一种能力

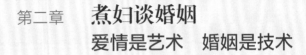

第二章　**煮妇谈婚姻**
　　　　爱情是艺术　婚姻是技术

经营婚姻
加点小菜

第三章　**煮妇说男女**
　　　　男女要平等不要相等

饮食男女
是永恒的话题

第四章　煮妇聊生活
自然之美无须雕琢

美食中也
蕴藏着智慧

吃得健康 饮食新时尚

第五章　煮妇话养生
身体是至高无上的主人

第六章　煮妇做餐艺
无限创意尽在餐桌艺术

用意外的喜言 让生活常新

第一章

煮妇讲故事
快乐是一种能力

小故事中蕴藏大智慧。即使你是一个初级的厨艺师，也可以做出一道道『意味深长』的菜，将主妇的品味提升一个档次。

芒果肉串

快乐是一种能力

看过一个关于快乐的故事。一家跨国公司招聘策划总监，最后剩下三名佼佼者。到了最后一次考核，三个应聘者被分别安置在设有监控的封闭房间内，让他们耐心等待考题的送达。房间内生活用品一应俱全，但不能上网、打电话，也不能出去。

第一天，三个人都在兴奋中度过，看书看报，看电视，听音乐。

第二天，一个人变得焦躁起来；另一个人不断地更换着电视频道，把书漫无目的地翻来翻去……只有一个人，还跟随着电视节目里的情节快乐地笑着，津津有味地看书，悠然自得地做饭吃饭，踏踏实实地睡觉……

五天后，考核结束，那个能够坚持快乐生活的人被聘用了。主考官解释说："快乐是一种能力，能够在任何环境中保持一颗快乐的心，更有可能走向成功！"

快乐是人类最天然的情感之一，绝无贵贱之分。快乐的门槛很低，不需要很深刻，不需要很多钱，也不需要很高雅，它简单得如同孩子手中的小木棒、小石子。快乐是一种能力。这种能力非常简单，当你以积极的心态专注于某种活动，感受其变化的奇妙和意外的惊喜，快乐就会来到你身边。

烹饪带给我很多快乐。烹饪的时候，我会沉浸其中，忘记生活的烦恼，享受创作的乐趣和成功的喜悦。在炎热的夏季，我试着把肉片、芒果、生菜串起来做了一道"芒果肉串"，结果其美味超乎想象，其间的乐趣已远远超出味觉的满足。你也可以试试，专注地做一道小菜，感受一下久违的快乐。

这是一道东南亚风味的凉菜，芒果、生菜与五花肉搭配，不仅口味清新，还可去除肉的油腻。在调味品上，我做了一些改良，做起来要费点时间，但上桌的时候一定会给家人带来惊喜。

网友点评

哈哈，煮妇，我赶过来看了。你的这道夏季菜，比原先的更玲珑，调料加了生抽更中国化，好！

——wu 稽之谈

妙手煮意

主料：五花肉 250 克、芒果 1 个、生菜
　　　50 克

配料：蒜 4 瓣、柠檬 1 个、红辣椒末少许、
　　　牙签若干

调料：胡椒粒 5 粒，料酒 20 毫升，盐、
　　　糖、生抽各适量。

芒果肉串

做法

1. 五花肉放入开水里，加盐、胡椒粒、料酒，用中火煮 10 分钟，然后放在凉开水里冷却 15 分钟，取出切成薄片；

2. 糖用 2 汤匙的热水化开，柠檬榨汁。蒜头剁成泥，放小碟中，加入红辣椒末、柠檬汁、糖水、生抽调成味汁；

3. 将芒果去核，切成 2 厘米大小的三角形小块，生菜切成与肉片相近大小的片；

4. 将肉片、生菜片、芒果一起用牙签串起，食用时蘸上调配好的味汁即可。

煮妇私经验

　　肉片一定要切薄，芒果切成三角形，这样才容易串起来。调味品种类及用量可以按口味自行选择。

孜然炒菠菜

放下与放弃

有个老僧带着徒弟赶路，路过一条河，发现河水汹涌异常，河边有个女人无法过河。师傅将女人抱起涉水而过，过了河后就将女人放下。徒弟一看，心里嘀咕："师傅怎么抱着女人过河呢？"到了晚上，徒弟忍不住问："男女授受不亲，况且我们是出家人，师傅为何抱着女人过河？"师傅望了徒弟一眼道："我已经放下了，你还未放下？"

禅说"放下"而不说放弃，自有深意。真正放下了，什么也不用放弃。现在有很多所谓以科学方式指导生活的书籍，其实是在提倡"放弃"。虽然我也赞同科学的生活方式对健康有益，但我不主张完全以科学的方式去生活。过于清心寡欲，没有任何乐趣，那就不是生活了。正如一个富翁问一个仙人，如何才能长生不老。仙人答曰："我一生不近女色。"富翁大失所望："那活着有啥意思！"

普通人的生活是规则下的随心随性，如果你有一些不太"科学"的嗜好不必完全放弃，只是要在心里"放下"。比如喝酒的习惯有害，也不必滴酒不沾，只要不与酒纠缠不清就好。虽然嗜肉对健康不利，但也不必专门吃素，只是不要天天惦记着肉就好，有肉就吃肉，没肉也不用勉强。

当然，放下比放弃更难，因为很多时候我们是不自觉地做了自己欲望的奴隶，无法做到随心所欲而不逾矩。比如，喜欢吃肉的朋友就是迷恋肉的美味，吃上了就难以停嘴，做不到"放下"。还好，不是只有肉才美味，蔬菜也可以做得很有滋味。这道"孜然炒菠菜"是一道尼泊尔风味的菜，口味非常特别，很有荤菜的味道。它可以让你放下肉的危害，但不放弃肉的美味。

菜中加入熟花生是点睛之笔，既能增加菜的香味，又让蔬菜多了一层口感，也让色彩更丰富。这道菜是我家的一道宴客菜，很受朋友的喜爱。

孜然炒菠菜

妙手煮意

主料：菠菜 500 克

配料：熟花生 50 克

调料：孜然粉、盐、食用油各适量

做法

1 菠菜洗净，沥干水分。熟花生去红皮，碾成末；

2 油锅烧热，倒入菠菜快速翻炒，加入盐、孜然粉，起锅前撒上花生末即可装盘。

煮妇私经验

菠菜一定要沥干水分。

意酱山药泥

有一种美叫生机

《小鞋子》是一部伊朗的经典电影，说的是贫穷人家的一对兄妹，因为妹妹的一双小鞋子丢失了，两个孩子得轮流穿哥哥唯一的一双破烂的鞋子上学，从而发生了一连串的故事。电影中没有华丽的场景，没有漂亮的影星，只有贫苦人家的生活场景，但残缺的墙面非常干净，破旧的水沟流淌着清澈的水流，贫穷却没有贪念的孩子……电影中的贫困没有让观众觉得怜悯而是感动，因为里面有孩子的善良和乐观、天真和执着。这些可贵的品质，让人感叹贫穷也可以很美。

华贵可以很美，贫穷也可以很美。那么美是什么呢？

美是能够触动对方和自己心灵深处的一份情愫，并且这份情愫能够给你带来活泼的生机。触动内心的并非都是美，它们也可能是伤害和毁灭，那不叫美，那是刺激。地震后满目疮痍的画面震撼人心，但它意味着生命的消亡，没有人会认为这是一种美。在灾难中呈现出的人性的光芒则很美，因为它承载着生的希望。

美的本质是生机。自然、和谐、善良、乐观、执着、希望，一切令人体验到生之欢乐的事物，就是美。

女人的美不只是外表，还缘于内在品质的流露。外表的漂亮不等于美，当它夹杂着虚荣和欲望的时候便会与丑陋同行，而由内到外散发着温暖、快乐、纯洁和宁静的女人，则会给人一种赏心悦目的美感。人们常说"女人因可爱而美丽"，就是因为灿烂的笑容带给人欢乐和喜悦，充满生机。没有漂亮的外表，我们可以热爱生活，做个快乐、可爱的美女。

山药没有华丽的外表，但营养价值高，只要烹饪得当，就是一个人见人爱的"菜中美女"。这道意酱山药泥，外表不起眼，却因为加了牛肉和番茄酱调味，口感和口味都会带给人惊喜，是内在美的典范。

网友点评

煮妇，我要现场拜师了。没有漂亮的外表，我们还可以热爱生活，做个快乐、可爱的"美女"。顶！！！

——小瓶子

意酱山药泥

妙手煮意

主料：山药 500 克

配料：牛肉末 50 克、胡萝卜少许、
洋葱少许

调料：黄油、番茄酱、盐、黑胡椒粉、
食用油各适量

做法

1　山药去皮、洗净、蒸熟，捣成泥，
用少许盐和黄油拌匀；

2　胡萝卜、洋葱洗净，切成末；

3　锅里放少许油烧热，放入洋葱炒香，
再加入胡萝卜、牛肉末，加番茄酱、
盐炒匀，添加少许水，煮开；

4　将煮好的汁浇到山药泥上，撒上黑
胡椒粉就做好了。

煮妇私经验

配料要切碎，番茄酱要多放一些。

蛋黄菜松

时间也可以用来浪费

很多人知道我做美食博客，知道我出书。他们问我的问题一般都是能挣多少钱。我说挣钱不多呀，只是兴趣，做着开心。花这么大精力做这些不挣钱的事情，他们很难理解，觉得我不做正经事。

这让我想起《小王子》中的那个红脸先生。他从来没闻过一朵花，他从来没有看过一颗星星，除了算账以外，他什么也没有做过。他整天说："我有正经事，我是个严肃的人。"可在小王子眼中，他简直不像是个人，他是个蘑菇。

当今社会，读书是小孩的"正经事"，赚钱是成人的"正经事"，不能创造经济效益的活动往往被视为浪费时间的无益之事。那些只做正经事的人就像红脸先生，如同只顾着生长而忘了开花的植物。

古人云："若不为无益之事，何以遣有涯之生。"生之有涯，理应善待自己，只顾做"正经事"，会让心灵贫瘠，生活乏味。所以，除了做正经事，我们还应善待身体，给感官以全面的满足；善待生活，放飞心灵的自由；善待生命，把时间"浪费"在美好的事情上。

填饱肚子是身体的"正经事"。善待身体不仅要做正经事，更要以色香味俱全的美食满足视觉、味觉和嗅觉，给身体全面的呵护。当然，善待身体并非日日珍馐佳肴，而是"浪费"一点时间把最普通的家常菜做得有模有样。就像青菜这样最普通的食物，不要随便煮熟了就吃，稍加修饰就可以让它有香有色，满足的不仅是胃口，还可赏心悦目。

"蛋黄菜松"其实就是用咸蛋黄拌青菜，咸蛋黄可以让青菜更美味。菜的做法很简单，装盘的时候把菜稍加修饰一下，只需浪费你一点点的时间和心思，就可以品尝到清香美味，不妨试试。

蛋黄菜松

妙手煮意

主料：菜心（或菠菜）500 克
配料：熟咸蛋黄 2 个、松仁 50 克
　　　　（或碎花生）
调料：食用油、香油、盐各适量

做法

1 将菜心放入沸水里焯熟捞起，水里
事先可加几滴食用油，保持菜心
的色泽；

2 将菜心沥去水分，切碎，再挤干；

3 将咸蛋黄、松仁（炒过）、少许盐、
香油加入菜心中搅拌均匀就可以装
盘了。为了美观，我把做好的菜扣
过来了。

煮妇私经验

　　熟咸蛋黄可以先放在微波炉里转
几秒钟，蛋黄变松软后很容易搅拌。咸
蛋黄已经很咸了，注意不要放太多盐。
菜心一定要沥去水分。

金钩挂玉牌

唤醒心底的诗意

小学课本中有这样一个故事：有个盲人在路边乞讨，胸前挂着一个牌子，上面写着"从小失明"，但他前面的盒子里空空如也。一位诗人路过，将牌子上的字改为"春天来了，可是我看不见"。路人经过，纷纷慷慨解囊。

"从小失明"只是一个简单的事实，让人可怜但不会感人。诗人所做的，只是把平淡无奇的陈述，改为令人伤感的诗句，一下子就打动了路人的心。诗之所以感动人，是因为每个人的内心都有着固有的激情和良知。诗化的文字赋苍白以血色、化平凡为璀璨，让人怦然心动，唤起人们滞埋于心底的良知和善心。

诗意的文字让人慷慨解囊，而普通的菜肴一旦被赋予诗意的菜名也会身价百倍，因为它让人在饕餮之余另获一份精神上的美感享受。

贵州有道名菜，原料是极为普通的豆芽和豆腐，却有着一个非常诗意的名字"金钩挂玉牌"。传说，一秀才中举后，有人问他："令尊令堂何干？"答曰："父，肩挑金钩玉牌沿街走；母，在家两袖清风扭转乾坤献琼浆。"实际上，他的父亲是卖豆芽和豆腐的，母亲是在家里磨豆浆的。秀才饱读诗书，才情非凡，出口成章，普通的食物被他一说也变得尊贵无比。后来，人们就将豆芽煮豆腐称为金钩挂玉牌。

相信你也喜欢诗意盎然的生活，那就来做做这道贵州名菜"金钩挂玉牌"吧！这道菜的做法很简单，就是把豆腐和豆芽煮熟，蘸着调料吃，关键在调料。软嫩的豆腐、鲜脆的黄豆芽，配上辣椒、花椒的麻辣，让人的味觉得到最大的满足。

金钩挂玉牌

妙手煮意

主料：豆腐 750 克、黄豆芽 150 克

配料：小葱少许

调料：酱油 5 克、辣椒粉 10 克、盐 5 克、
　　　食用油 50 克、花椒粉少许

做法

1. 把豆腐切成长 6 厘米、宽 4 厘米、厚 0.8
厘米的片，用沸水烫过捞起备用；葱
切葱花；

2. 将黄豆芽洗净，放锅内，用大火煮 10
分钟，放少许盐，加入豆腐合煮 5 分钟，
连同汤一起盛入碗中；

3. 辣椒粉盛入小碗中；锅中放入油，烧
至七成热，泼在辣椒粉上，烫熟，加
入酱油、花椒粉调成味汁，撒上葱花；

4. 将豆腐、黄豆芽与小碗味汁一起上桌，
食用时，用黄豆芽、豆腐蘸味汁吃。

煮妇私经验

不能用太嫩的水豆腐。

泡菜牛肉炒饭

像孩子一样品味重复的日子

　　孩子小的时候都喜欢一遍又一遍地听同一个故事，这是因为他们不仅是在听故事，而且是把自己当做主人公在感受和体验着故事。由于孩子把感情倾注到故事里面，于是再老的故事都是新鲜的，每次听都让他们激动不已，所以总叫你"再讲一遍"。

　　成年人的日子也在重复着，可我们却没了小时候听故事的那份期待和激动，也找不到主人公的兴奋感。我们倒像是一个仆人，在生活的驱使下盲目地活着，在重复中单调着、枯燥着、琐碎着、忙碌着。

　　有个朋友移居香港生活，他经常有事没事地就给在世界各地的朋友打电话。他说："生活实在太单调了，上班做着重复的工作，按时下班，回家吃着同样口味的菜，然后准时睡觉，生活如时钟一般重复着"。换言之，他感到生活波澜不惊，自己活得犹如行尸走肉。

　　可是，跌宕起伏的人生永远只属于少数人，普通人的生活总在不断地重复中，偶有变化也不过是重复着别人的故事。所以，"热爱生活"不只是历经苦难依然保持对生命的热忱，更是一份对生活细水长流的爱。有了深挚的爱，单调的生活也会过得津津有味，就像孩子听故事那样一遍又一遍地体验着快乐与希望、痛苦和忧伤，这样才不至于在日复一日的琐碎中逐渐麻木。

　　生活在重复，饮食也在重复。热爱美食的人们会用有限的食材做出千姿百味的菜肴，用变幻的餐桌把重复的日子变得有滋有味。米饭是重复得最多的食物，是我们听过最多的"故事"。但只要多倾注点感情，换个做法，用泡菜和牛肉炒饭。韩国泡菜很开胃，牛肉既营养又美味，这样的米饭吃起来自然另有一番滋味。

泡菜牛肉炒饭

妙手煮意

主料：米饭 250 克、牛肉 100 克

配料：韩国泡菜 100 克

调料：生抽、料酒、盐、食用油各
　　　　适量

煮妇私经验

如果没有韩国泡菜，也可以用其他泡菜。

做法

1 牛肉切成薄片，放在碗里，用生抽、
料酒拌匀，再浇上一层熟油。将腌好
的牛肉放入冰箱冷藏半小时以上；

2 泡菜切碎，米饭放微波炉中高温加热
3 分钟；

3 锅里放少许油，倒入牛肉，用大火快
速翻炒 1 分钟，装起备用；

4 倒入适量油，将米饭和泡菜一起炒 2
分钟，加少许盐翻炒后装盘，把炒好
的牛肉放在米饭上即可。

珍珠翡翠白玉汤

石头变珠宝的秘密

呵呵……这汤是要多喝呀。说得好形象，价值是要靠自己去体现的。那俺什么时候也去学着变变色彩！
——溢齿留香

经常在酒宴上吃到这道菜，可是从来没有细细思量其中蕴藏的哲理。想起张爱玲说的："出名要趁早！"是啊，不要做囤积在地窖里的大白菜。
——山林童话

一直不知道什么是珍珠翡翠白玉汤，原来这么做的呀！喜欢这个，很好吃，而且很好做呢！呵呵，可以做做看的！
——宝贝ＬＬ

一位禅师给他的弟子一块美丽的玉石，叫他去蔬菜市场，"不要卖掉它，只是试着卖掉它，然后告诉我在蔬菜市场它能卖多少钱。"弟子回来说："它最多只能卖几个硬币。"

师父说："现在你去黄金市场看看。"从黄金市场回来，这个弟子很高兴地说："他们说值1000块钱。"

师父又说："你去珠宝商那儿问问价。"弟子回来说："简直不敢相信，他们竟然乐意出5万块钱。"

玉石的价值一定要在与它相匹配的市场才能得到充分体现，就像虎应当在山林啸嗷，龙应当在深海遨游，否则，就会"虎落平阳被犬欺，龙游浅滩受虾戏"。

人的价值也同样取决于他所处的环境。模特儿在Ｔ台上是万众瞩目的焦点，但嫁到农村还会被嫌弃太瘦，不会干农活。人无论求职还是求偶，都要找对市场，方可体现自身的价值。

不过，人更像是蔬菜而不是石头，价值是会变化的。要趁着自己还是珍珠翡翠的时候拿到珠宝市场去实现价值，错过时机就只能囤积在蔬菜市场慢慢地腐烂了。

大龄剩女往往是优秀的女人，年轻时候也不乏追求者，只因错过时机而难以找到如意的归属。年龄是女人最大的敌人，所以，嫁人要趁早，年轻的女人一定要在自己最像珠宝的时候为自己找到合适的市场。

著名的"珍珠翡翠白玉汤"是豆腐找对市场的最佳案例。朱元璋落败时吃的豆腐白菜到了宫廷就成了"珍珠翡翠"。这道珍珠翡翠白玉汤是用普通的原料炖出来的，但我把它装在富贵的餐具中也提升了不少价值。

朱元璋吃的珍珠翡翠白玉汤其实就是青菜豆腐汤，我做的这道现代版的"珍珠翡翠白玉汤"，做法很简单，就是把肉丸加一些素食煮汤，肉丸像珍珠、冬瓜如白玉、青菜似翡翠。肉丸的香味与清新的蔬菜搭配，口味鲜美、营养丰富。

妙手煮意

珍珠翡翠白玉汤

主料：肉丸 200 克

配料：青菜 3 棵、黑木耳 3 朵、
　　　冬瓜片 100 克

调料：盐、熟猪油各适量

做法

1　黑木耳用凉水泡开；

2　将肉丸、黑木耳、冬瓜片放入锅里，
　加盐、水煮 15 分钟；

3　放入青菜，加少许熟猪油，再煮 2
　分钟即可装盘。

煮妇私经验

要用干的黑木耳，不要用新鲜的黑木耳；

可以用鱼丸、虾丸、贡丸、花枝丸等代

替肉丸。

红薯小米银耳粥

人生如蚂蚁上树

网友点评

这黄黄的小米，红红的番薯，晶莹的银耳，休息天也可以经常做来吃，营养又美味。

——溢齿留香

这算粗粮细做吧，粗的是生活态度，细的是生活方式，这才是真正懂生活。

——大菜

不论做了什么选择，只要能体会最简单的幸福感的人都会过得快乐！

——潇潇

有个实验：将测试者分为两组，第一组人品尝 6 种巧克力，第二组人品尝 30 种巧克力。吃完以后，测试者被要求选出其中最好吃的一种。第一组人很快就有了答案，第二组人却很难做出选择。更耐人寻味的是，第一组人觉得巧克力很好吃，第二组人觉得一般。

机会并非多多益善。人生就如蚂蚁上树，不论大树多么枝繁叶茂，都只能选择其中的一条路。分叉越多，机会越多，放弃就越多，懊悔也越多。

没有机会让人遗憾，比没有机会更糟糕的是因错误的选择而懊悔。拥有众多追求者的美女不仅难以做出选择，而且日后生活稍不如意更会滋生几多悔意。姿色平平的女人好不容易嫁个男人，倒心满意足地过起幸福的日子。

同样道理，我们不必羡慕别人尝遍山珍海味。过多的食物终会让味蕾的敏感度下降，也会让美食的快感大打折扣，就如第二组测试者。粗茶淡饭的生活虽然没有太多的选择，却能保持对美食的快乐体验。

多吃粗粮不仅有益健康，还可保持对食物的热爱。红薯一直被认为是穷人的食物，近年来却跻身健康食物的前列，因为红薯营养丰富，而且不会在加热烹制过程中被破坏。

对于人生，我们选择其中一条路义无反顾地向前走，不回头，不彷徨，可以领略到生命旅途中更多的风景。对于饮食，这次就用粗粮做一道"红薯小米银耳粥"，虽然简单，却营养美味，可以真切地感受到食物带给我们的快乐。

红薯小米银耳粥

妙手煮意

主料：红薯 150 克、小米 100 克

配料：银耳 1 朵

做法

1 银耳掰小块，用水泡 15 分钟。红薯切成 2 厘米见方的小块。

2 将红薯、小米和银耳一起煮 20 分钟即可。

煮妇私经验

如果把红薯换成南瓜，又是一道健康的菜肴。

微波红烧肉

发挥优势做人才

我们家的微波炉只是用来热热饭菜，没想到还能烧出如此美味的菜。真得谢谢你！

——风过有痕

我觉得这道菜好，简单易学，我估计我家那位会喜欢这道菜。呵呵，我怎么这么无私，首先总想到别人……知识改变不了一个人的本质，扬长避短才是上策，可如果连自己的长处都找不到，那就麻烦了。

——沐涵

螃蟹、猫头鹰和蝙蝠去上学习班，想要纠正它们与生俱来的不良习惯。数年过后，它们都顺利毕业并获得博士学位。不过，螃蟹仍横行，猫头鹰仍白天睡觉晚上活动，蝙蝠仍倒悬。这是一个寓言故事，告诉我们：学习改变不了个性，只是多了一些知识而已。

从小时候开始，家长、老师就总是灌输一种观点，即我们要努力克服弱点。其实很多弱点是难以克服的，我们无法想象这个世界上会有十全十美的人。一个人成年后，除非经历生活的重大变故，否则性格和思维方式是不会有太大变化的。与其把精力都用在无法克服的弱点上，做自己不擅长的事情，不如发挥自己的优势，做一个有才华、有弱点、有个性的人。

现代社会是一个协作的社会，分工越来越细。比起全面发展的人，某个方面有专长的人更受欢迎。我常跟学生说："一个在某个方面不能被轻易替代的人就是人才，专长就是你们赖以生存的基础。所以，你们一定要找出自己的长处，并不断加强。只要扬长避短，发挥优势，每个人都是人才。"

食物也一样。每一种食物都有自己的特点，肉有肉的富贵，菜有菜的清雅。肉难以附庸菜的风雅，菜也不必装扮肉的富相。我们用微波炉做一道"微波红烧肉"，不加其他食材，让肉充分发挥其自身的营养和美味，也不失为一种纯粹之美。

微波红烧肉

妙手煮意

主料：五花肉 350 克

调料：料酒 150 毫升，酱油、冰糖各适量

煮妇私经验

　　微波炉做菜的时间与原料的分量有直接的关系，如果肉少了，时间和温度也要相应调整。微波炉的高温、中高温、中温、中低温、低温也与炉火的温度相对应，但是微波炉的加热时间要比炉火短大约 1/3，并且水分会丧失更多。上面只是一个参考做法，需要自己试做一两次以后才能很好地掌握。

做法

1　五花肉切块（不要切得太小，也可以放沸水里汆一下）；

2　取一只适用于微波炉的碗，放入五花肉，加入料酒、酱油、冰糖。酱油和冰糖的用量按各人的口味。调料差不多要淹过肉，不够时可加点水；

3　放好调料后，加盖，放入 750W 微波炉中，高温 2 分钟—中温 20 分钟—高温 1 分钟就可以了。

千丝万缕

做人不要太认真

孔子东游来到一个地方，感觉腹中饥饿，叫弟子到前面一家饭馆去讨点饭。弟子到饭馆说明来意，那饭馆的主人说："我写一字，你若认识，我就请你们师徒吃饭；不然，则乱棍打出。"说罢写了一"真"字。弟子大笑："此字我5岁时就认得，是认真的'真'字。"店主哼了一声说："来人，乱棍打出。"

弟子回来跟老师说了经过。孔子微微一笑，来到店前，说此字念"直八"。店主笑道："果然是夫子来到，请。"弟子不明白，问："真什么时候变直八了？"孔子微微一笑说："有时候是认不得'真'的啊。"

伺候机器要认真，不认真就会出错。不过，与人相处如果一味认真，不懂得变通、婉转，那也会被人乱棍打出去的。比如，真话就不可以随意说，一吐为快的"真话"有时比谎言更加伤人。实话直说只需要勇气，而说话不伤人则需要修养和智慧。

做菜要认真，看中餐菜谱不要太认真，因为菜谱是人写的，是可以变通的。那么，怎么看菜谱呢？

看菜谱主要是看主料和做法，有些菜谱的大量辅料只是为了美观，家常菜只需选择其中一两样。我们经常看到菜谱中用了八九种调料，那是写给厨师看的，家常菜只要按自己的口味选用调味品即可。

做凉拌菜不必按菜谱做，可任意搭配原料。在选料时要注意营养的荤素搭配，口感上要有软有硬，调料可以按自己的口味选择。这一道夏季凉菜，叫"千丝万缕"。学会了做菜，还要记住，生活中人与人的关系千丝万缕，有时千万不要太认真哦。

千丝万缕

妙手煮意

主料： 西芹 100 克、海带 100 克、
豆芽 100 克、蟹肉棒 4 根、
椒盐花生 50 克

调料： 生抽、糖、香醋、香油、蒜
头各适量

做法

1. 将海带切丝煮熟；
2. 西芹切丝，与豆芽一起放沸水里
   氽熟；
3. 蟹肉棒切丝，将海带丝、西芹丝、
   豆芽、蟹肉棒丝，加上椒盐花
   生一起用调料拌匀即可。

煮妇私经验

上面原料仅作参考，可以自行选择
原料和调料。

火腿饭团

剩者为王 剩菜为寇

一定要学会做这个饭团！为什么每次看到你做的东西都觉得简单，可自己却想不到，差距啊！坚持！这些天热得不行，每次要去健身时都在跟自己斗争，不动都出汗，不过练的就是三伏和三九啊。

——平凡 jerry

人是要和自己较量一辈子的：懒惰、贪婪、自私……最聪明的人就是放弃聪明！做一个凡事都傻傻的人，虽然可能会在某件事上失利，但人生是个大过程……有多少人肯放弃眼前的"蝇头小利"呢？

——米粒儿王

开学第一天，大哲学家苏格拉底对学生们说："今天咱们只学一个最容易做的事儿，每个人把胳膊尽量往前甩，每天做300下。大家能做到吗？"

学生们都笑了，这么简单的事，有什么做不到的？过了一个月，苏格拉底问学生们："每天甩手300下，哪些同学坚持了？"有九成同学骄傲地举起了手。又过了一个月，苏格拉底又问，这回坚持下来的学生只剩七成。

一年过后，苏格拉底再一次问大家："还有哪几位同学坚持甩手运动？"这时，只有一个人举起了手。这个学生，就是后来成为著名大哲学家的柏拉图。

坚持是一种素质，是与自我斗争的能力，也就是与懒惰、厌倦、畏惧做斗争的能力。

人生的大多数时候，面临的不是对抗性竞争，而是与自我的斗争。在这种与自我竞争的战场上，不是看谁更聪明、更会改主意，而是看谁更"傻"，更会坚持。提前退场者等于自动弃权，把自己划归失败者的行列。套用一句时尚的口号，就是"不抛弃，不放弃"，坚持到最后，你就是胜利者。所以，生活的竞争不是"胜者为王"，而是"剩者为王"。

剩者为王，可惜剩菜则为寇，因为它总是逃脱不了被丢弃的命运。尤其是剩饭，大概没几个人会对它有一丝眷恋。但看到白花花的米饭被倒掉，是不是觉得太浪费太心痛了呢？不急，稍加处理，剩饭也可以变成可口的美食。这道"火腿饭团"就是剩饭的华丽转身，美味又养眼。

用火腿片、生菜裹的饭团不仅美味，营养也很丰富，特别受孩子们喜爱。注意的是，火腿片要切得薄一些才能卷起来。

火腿饭团

妙手煮意

主料：米饭 1 碗、火腿片 1 包、
生菜 1 颗、海苔 1 包

煮妇私经验

火腿片要切得薄一些，海苔要
切长一点才可以卷得起来。

做法

1 将火腿和生菜切成 5 厘米 ×10 厘
米的长方形片；

2 海苔切成 2 厘米宽的长条；

3 取一小团米饭先用生菜卷起来，再
卷上火腿片，最后，在外面绕上海
苔条即可。

竹笋煲鸡汤

放开心眼 轻松做人

大概教育孩子也是这个道理吧,不可盯得太死!汤很鲜美哦。我在想,如果高汤换成小鱼干熬的汤,再加点味噌酱,就会变成日式酱汤了吧?唇齿间又是一番新滋味!

——斑娜

不要紧盯着汤,也就是佛家所说的要去除"执著"之心吧。

——大菜

是啊,一切随缘,是你的就是你的,何必为之提心吊胆呢?太在乎了往往更容易失去,上帝就是这个性子。

——离开了

古代有个国王对一个死囚说:"如果你能端着一碗水绕着王宫走一圈而不洒出来,我就免你一死。"大家都认为这个人必死无疑。出乎所有人意料的是,那个死囚走完了一圈,碗里的水点滴不洒,为自己挽回了一条性命。别人问是怎么做到的,他回答:"不要盯着碗看。"

是的,若想端着一碗水走路而不洒出来,唯一的方法就是不要紧盯着碗,不信你也可以试试。

股票盯太紧,自己崩溃;爱情盯太紧,令人窒息;孩子盯太紧,容易逆反。生活就如端水行走,不论金钱也好,爱情也罢,小心翼翼地紧盯不放,一定会洒出来的。就算手里端着的是生命,也不要盯得太紧,否则只会适得其反。

紧盯不放,盯得别人如坐针毡,自己也不好受。眼睛盯太久都会疲劳,何况脆弱的神经。放过别人,才能轻松做人,这是生活法则之一。

做人要放松,做菜也不要太紧张。煲汤不能紧盯不放,那样才能煲出美味的靓汤。很多人在煲汤的时候担心煲干了水分,时不时去翻盖看看,结果煲出来的汤少了种风味。

这道"竹笋煲鸡汤"选用的竹笋和鸡,都是春季的应季食材,特别适合春季食用。这道汤虽是滋补养身的好汤,但你不必担心烧干而不停地翻盖查看,只需放足水,轻松地看上一集电视剧,汤就煲好了。当然,还要记得端出来的时候不要盯着碗看喔。

竹笋煲鸡汤

妙手煮意

主料：土鸡 1 斤、竹笋半斤、
干香菇 30 克

调料：盐适量

煮妇私经验

没有沙锅，也可以将原料置
大碗中隔水蒸。

做法

1. 香菇用热水泡 5 分钟；
2. 竹笋剥皮，切片，放沸水里煮 5 分钟，
捞起备用；
3. 土鸡切小块，放沸水里煮 2 分钟捞起；
4. 沙锅中水烧开，放入土鸡块煲 10 分
钟，再放入笋片和香菇，煲到鸡肉熟
透（时间根据不同种类的鸡而定，在
1 小时以上）；起锅前 10 分钟加入
盐即可。

西瓜皮绿豆粥

平凡的人生淡如稀粥

网友点评

奇迹往往是在电视剧里出现，现实生活只是平淡温暖而已。这些已经足够了，呵呵！

——仔仔

哈哈，俺看来是够幻想的，也以为是咬到他当年扔的那钻戒了。人生如稀粥，能熬出各种滋味的一定是生活的智者！听故事，尝美味的粥，品生活的惬意，到你这儿很享受！

——星贝贝

这粥一定清香淡爽！看似平凡的人生，其中一定会有不为旁人所知的惊涛骇浪！

——文莺

一位年长者讲了一个故事：

"年轻时我在香港和一位漂亮姑娘相爱了，很快我们订了婚。有一天，我突然被派到意大利经办一桩非常重要的生意，不得不离开了我的心上人。

由于出了些麻烦，我在意大利待的时间比预期长了许多。回家之前，我买了一只钻戒作为结婚礼物。轮船上，我忽然在一份报纸上看到我的未婚妻和另一个男人结婚的启示。当时我愤怒之极，将钻戒扔向大海。

后来我一直孤身度日，转眼几十年过去了。一天，我来到一家海味馆，一盘咸水鱼端上来了。我用筷子胡乱夹了些塞进嘴里，嚼了几下，忽然喉咙被一个硬东西哽了一下。你们猜猜我吃着什么了？"

"当然是钻戒！"周围的听众抱着期待的心情大叫。

"不！是我摇摇欲坠的牙齿滑进了喉咙。"老人说出了真实答案。

灰姑娘、白马王子只在童话中出现，巧合、偶遇都在戏剧里上演，暴富、艳遇一般流传在影视小说和网路上。跌宕起伏的激越人生只属于少数人，普通人的生活没有奇迹。

人人都希望自己的生活是满汉全席，残酷的事实是，大多数人的人生只是一碗稀粥。不过，把粥熬出各种滋味也就是普通人生活的乐趣吧。比如，冬天喝腊八粥；秋天喝玉竹粥；春天喝荠菜粥；夏天喝绿豆粥。

这道"西瓜皮绿豆粥"选用消暑的食材西瓜皮和绿豆，是适合夏天的粥品。没有太多猛料，清淡养生，平凡无奇，恰如我们大多数普通人的真实生活。

西瓜皮绿豆粥

妙手煮意

主料：大米 100 克、绿豆 50 克、
　　　　西瓜皮 100 克、陈皮 5 克

做法

1 西瓜皮切成小块，陈皮切丝；

2 大米和绿豆放锅里煮 30 分钟，加
　入西瓜皮再煮 10 分钟；

3 起锅前搅入陈皮丝，拌匀即可。

煮妇私经验

在煮绿豆之前用开水洗比较容
易煮熟。

洋烧排骨

善待别人的高度

"善待别人的高度，就是不以自己的能力要求别人"这句话说得好。有些人就是以自己的标准去要求别人，结果让人很难受，压力增加，久而久之自己也会感觉脱离群体，得不到他人的体谅与理解！

——榕树下

看来你不仅是美食家。谢谢你给我们带来了美食和处世的哲理。

——无名草

幼儿园老师让孩子画一幅画《和妈妈逛街》，交上来的作品洋溢着童趣。有个孩子的画里，既没有高楼大厦，也没有车水马龙，更没有琳琅满目的商品，有的只是数不清的大人们的腿……这幅别具一格的作品，是由孩子的身高决定的。孩子除了能看到大人们的腿，还能看到什么呢？

经常听到一些老板抱怨员工做事不动脑筋。可是这些老板不想想，如果他们比你还聪明，那就不在你这里打工了。有些家长对孩子恨铁不成钢，往往也都是以成人的标准要求孩子。

阅历、天赋决定一个人的认知水平和做事能力的高度。善待别人的高度，就是不以自己的能力要求别人。老师善待学生的理解能力，能够因材施教，那才是好老师；家长善待孩子的认知水平，能够蹲下身子与孩子交流，那才是好家长；领导善待下属的办事能力，能够鼓励下属进步，那才是好领导。

家庭煮妇不是厨师，我们对家庭煮妇的要求，也不能以厨师的高度为标准，只要能按家人的口味，做出适合家人吃的菜，就是一流的好煮妇。

我是福州人，喜爱酸甜口味的闽菜。"洋烧排骨"就是一道闽菜风味的排骨，是我家经常吃的菜，骨香肉嫩，酸甜适口。外地的朋友口味不同，自然不能按福州人口味的"高度"来做这道菜，在调味品的选择上可按自己的口味适当调整。

洋烧排骨

妙手煮意

主料：猪排骨 500 克

配料：葱段少许

调料：糖、醋、酱油、高汤、食用油各适量

做法

1 将猪排骨洗净，切成条；锅里水烧开，下猪排骨余 1 分钟，葱打结；

2 锅里放适量油，烧到六成热，下猪排骨条炸 3 分钟。沥去多余的油，加入酱油、糖、醋、高汤，烧开后加入葱段，改小火烧到肉和骨头分开（大约 25 分钟）；

3 最后开盖烧 3 分钟收汁，起锅装盘即可食用。

煮妇私经验

作为闽菜的这道菜中，葱是必不可少的。

腐乳蒸排骨

当琴声遭遇饭香

下面是哲人与船夫在船上的一段对话：

哲人："你懂数学吗？"船夫："不懂。"哲人："那你生命的二分之一已经没有意义了。"

哲人又问："你懂哲学吗？"船夫："不懂！"哲人："那么你生命的大部分就没有意义了。"

一个浪头打翻了船。船夫问："你会游泳吗？"哲人："不会！"

船夫："那么你的生命全部没有意义了。"

如果你以为这么迂腐的哲人只出现在一个笑话中，那就错了。在流行"富养女、穷养儿"的城市里，女孩都培养成精于琴棋书画的公主了。有所学校招生，学生在特长一栏中填"钢琴"，老师说钢琴不算特长，会的孩子太多了。想象一下这一代公主成家后，下班回家不会做饭，对老公说："亲爱的，你肚子饿了吧，我弹一首曲子给你听吧。"这样毫无生活技能的女孩，跟那个哲人有什么区别呢？

飘满饭香的屋子才算是家，饥肠辘辘时饭香一定比琴声更怡人。当然，既有饭香又有琴声的生活是理想的生活，但当理想还处于追求的状态中，我们不如先来解决实际点的问题，让孩子学学做菜。

怎么教孩子做菜呢？从最容易的入手就可增强自信。什么样的菜最容易学呢？蒸菜！不必手忙脚乱地放调味品，不用怕火候掌握不好，还避免一身油烟味。

我们先来做这道"腐乳蒸排骨"，怎样才能做出骨香肉嫩的排骨呢？其实只需一个小技巧：肉类经过一段时间的轻度冷藏，肉质会变得更松软，也容易吸收味道。根据这个原理，可将排骨用调料腌好，放在冰箱里，温度调至 4～6℃冷藏 3 小时以上再烹制。

腐乳蒸排骨

妙手煮意

主料： 猪排骨 300 克

配料： 腐乳 2 小块、蒜泥适量

调料： 淀粉、盐、香油、糖（也可不用）
　　　　各适量

做法

1. 猪排骨切成小块；

2. 将猪排骨用少许盐、糖、淀粉拌匀，
放入冰箱冷藏 3 小时以上；

3. 取出猪排骨置于大盘中，调入腐乳、
香油、蒜泥；

4. 放入蒸锅，用大火蒸 15 ～ 20 分钟
就可以了。

煮妇私经验

排骨切小一点容易熟，蒜泥先放油里
炸一下会更香。

茄汁杏鲍菇

知识能改变命运吗

看到一则笑话：一人去算命，算命先生摸骨、相面、算八字后说，你20岁恋爱，25岁结婚，30岁生子，一生富贵平安、家庭幸福、晚年无忧。此人闻之先惊后怒道："我今年35岁，博士，光棍，没有恋爱过。"先生闻言，略微沉思后说："年轻人，知识改变命运啊。"

这个笑话有点冷，知识能够改变命运吗？"知识改变命运"是20世纪80年代的口号，当时确实有一批人通过高考彻底改变了自己的命运。但大学生毕业包分配、白手可以起家的时代已经过去了，这个口号并不适合当前社会，仅仅靠文凭已经很难让自己彻底改变命运了。

高考对人一生的影响到底有多大？其实，高考成绩决定的是考生未来几年在哪里读书，决定不了一个人的未来。现在高考的录取率在80%以上，大学已接近普及教育。大学学什么？有个教育家说过，大学的收获就是你忘掉知识之后得到的东西。在百度年代，知识不是竞争力，你知道的别人都知道。知识是基础，但在搜索引擎时代，仅有知识是不够的，百度上能够找到的都不是你特有的知识，勤奋和创造力才是生存竞争力。

决定命运的客观因素还很多。如果你没有很好的家庭背景，也没有考上名校，只要你保持生活热情，努力进取，肯动脑筋，就算没有彻底改变命运，生活状态也不会太差。我总是跟学生说："当你40岁的时候，你不怕失业，并能够快乐地生活就是成功的人生。为此，你们必须非常努力地学习和工作。"

我不赞同永无止境地追求所谓的功成名就，每个人把上天赋予你的能力充分发挥出来就好了。就像做菜，什么食材做什么菜，没必要羡慕别人的美味。比如，素菜本身没味道，加点口味重的调料让它好吃一点就好了，不要把它跟肉比，追求肉的口感和荤味。

做一道美味的素食"茄汁杏鲍菇"，把杏鲍菇裹上淀粉油炸，再浇上番茄汁，外脆里嫩，酸甜适口，虽然没有肉的荤味，但也一样带给人色、香、味，就像普通人，只要用心也一样可以把生活过得很精彩。

茄汁杏鲍菇

妙手煮意

主料：杏鲍菇 500 克

调料：番茄酱、黑胡椒粉、淀粉、盐、
　　　　糖、食用油各适量

做法

1. 将杏鲍菇切小块，用盐、黑胡椒粉
   腌 10 分钟；

2. 将腌好的杏鲍菇用淀粉抓匀，放入
   油锅里中火炸 5 分钟，装起；

3. 将番茄酱倒入锅里，加少许盐、糖
   调好味道；将炸好的杏鲍菇倒入锅
   里翻炒均匀，即可起锅装盘。

煮妇私经验

杏鲍菇腌好后要挤去水分。

第二章

煮妇谈婚姻

爱情是艺术

婚姻是技术

经营婚姻如烹小菜。好妻子并不需要高超的厨艺，只要热爱生活，普通的食材、简单的做法也可以做出星级水准的美食，为你的家庭生活增添色彩。

虾仁蒸蛋

人为什么要结婚

网友点评

蛋要蒸好真不容易！我就总是蒸不好！学习啦！餐具好别致，比喻也很有道理。婚姻是幸福的，但也要懂得舍弃。两个人如果都要完整，那么婚姻就不完整啦！如何处理好其中的关系还真是一门学问！

——summer 的家

很早以前，妈妈喜欢把河虾仁红烧了浇在蒸好的鸡蛋上。后来，很少有那种河虾。我试过用海虾切碎了做成红烧虾仁，像归像，味道完全变了。能不能顺着你的意思说下去？婚姻也一样不要勉强凑合。错过了的，找个取而代之的，一定找不到原来的味道。

——wu 稽之谈

在一个鲜花盛开的田野上，一个女人邂逅一个男人，彼此都认为对方是自己梦寐以求的人，于是他们携手走向婚姻的殿堂。

后来，女人感觉日子过得不开心，又回到他们相遇的地方。遇到一位智者，女人说："自从在这里遇到他，我就失去了自我，因他的快乐而喜悦，为他的痛苦而叹息，我想重新找回过去那个完整的自己。"智者说："婚姻就是将两个人融为一体，你已经找不回完整的自己了。"

人为什么要结婚？很少有人在结婚前思考过这个问题。只是因为相爱，希望天天厮守在一起所以就结婚了。婚后才明白婚姻不只是欢天喜地地长相守，有爱意，也会有妥协；有获得，也会有失去。简单点说，婚姻是以自由为代价获得安全和舒适。

婚姻是温暖的、稳定的、安全的，并能优势互补，使双方更有力量去应对生存。但婚姻是过集体生活，要讲组织纪律性，按时开饭，准时熄灯。所以，结婚是要改变生活的，要丧失部分的自由，时间的自由、经济的自由和身体的自由。

如果所有的改变都是自觉自愿的，那是可心可意的婚姻。如果只是妥协和屈从，这桩婚姻值得还是不值得就有了一个问号。不论是自愿的还是被迫的改变，你都不再是完整的自己。

婚姻中的两个人就如这套餐具，要丧失部分自我才能合为完美的一个圆。

做一道如婚姻一般的菜——虾仁蒸蛋。虾仁与蛋融为一体，已找不到完整的虾和完整的蛋。当然，这样嫩滑、美味的虾仁蒸蛋一定是桩可心可意的婚姻了。

妙手煮意

主料：蛋 2 个、鲜虾 70 克（取虾仁）

配料：小葱（或香菜）少许

调料：盐、香油各适量

煮妇私经验

这道菜所用的虾一定要新鲜。如果怕虾有腥味，可以在蒸之前用姜汁腌一会；或者将生姜切碎，加料酒腌一会儿也可以，蒸的时候洗净。

虾仁蒸蛋

做法

1 蛋去壳盛入浅碗，朝一个方向搅到均匀，虾仁切碎；

2 将蛋液和虾仁加在一起，再加适量盐搅匀，放入蒸锅；

3 蒸的时候锅盖不要盖紧，要开个口，蒸 7～8 分钟；

4 蒸好后撒上葱花、淋上几滴香油即可食用。

海底椰煲鸡汤

爱TA就是爱自己

网友点评

婚姻与煲汤还是不一样的。沙锅可以把不同的料煲到一个锅里，料受沙锅的约束和摆布；而婚姻虽然也是把不同的两个人约束到一个家里，这个家却未必有沙锅保险。

——老锅

食物与人都是有偏性的，结合好这个偏性就是和谐的婚姻，食物亦然！姐姐的这汤煲结合得非常好。

——文莺

爱情如拼盘，婚姻是煲汤。

爱情如拼盘，一半的菜难以下咽，并不影响另一半的美味诱人。爱情拼盘在热恋时是交相辉映的完美组合，华丽而各自精彩；失恋时是支离破碎的残缺败阵，但或许一个快乐地走向未来，一个则悲伤地活在过去。爱情或有胜负，婚姻却是共输赢。因为婚姻是煲汤，一种原料变味，整锅汤都要倒掉，谁也无法幸免。

煲汤的原料虽有主料和辅料之分，但是放入瓦罐加入水以后就同等重要了。都是一锅汤里的原料，一种食材变质，汤水就会充满异味。同理，不论两个人悬殊有多大，进了围城谁也赢不了谁。封闭的围城里只要一个人情绪不佳，空气便会凝固冰冷或充满火药味，而且无处可逃。指责或冷漠，不仅伤害对方，弥漫在两人世界里的冷战气氛也一样会伤害自己。

懂得煲汤的道理，处理婚姻问题就容易多了。围城如盖紧的瓦罐，两个人在里面的战争注定没有胜者，唯有协作和爱意才能煲出一锅靓汤。正所谓"爱TA（他、她）就是爱自己"，"TA好我也好"，这才是婚姻的本质。

这道"海底椰煲鸡汤"非常美味，海底椰是一种适宜煲汤的食材，润肺清心，还有美容的功效，大超市或网上都可以买到。再一次提醒你，煲汤的每种原料都要新鲜哦。放进了瓦罐里，无论主料还是配料，个个都是决定煲汤这出戏成败的大腕明星。

海底椰煲鸡汤

妙手煮意

主料： 土鸡 500 克、海底椰 100 克

配料： 蜜枣 6 粒、枸杞子 4 粒（也可不用）

调料： 盐 1 茶匙

做法

1. 将土鸡切块，用沸水汆过；海底椰用温开水浸 30 分钟；

2. 将水煮沸，放入主料和配料，用小火煲 60 分钟，起锅前 15 分钟加入盐调味即可。

煮妇私经验

煲汤不仅要保证原料的新鲜，还有几个要领要掌握：忌中途添加冷水；忌早放盐；忌让汤汁处于沸腾状态，微微冒泡即可。

赛燕窝

给女人最贴心的呵护

小时候吃鱼，妈妈总是包揽了鱼头，久之，我们都以为她爱吃鱼头。其实，是因为我们都不吃这块复杂的东西，丢了又浪费，她才假装自己喜欢的……现在日子比过去滋润，希望老太太在家活得充实开心。

——Littlebell

女人就应该对自己好一点。应该让老公和儿子来呵护自己，这样才有能力和资本去呵护他们。当女人忽略了自己，也就是忽略了品质生活！所以，我们哪怕到了80岁，也要注重自己的生活质量。

——cindy

"三八节"前夕，跟一位女友聊到男人女人的话题。她说："坏女人让男人发疯，好女人令自己发疯。"

何谓好女人？用一句话来讲，就是爱家人胜过爱自己的女人。"好女人"的盛名之下是女人的任劳任怨、忍辱负重，而她们往往忽视了自己的需求。日复一日，年复一年，好女人心中郁积了无数的委屈，一不小心就站到怨妇的行列中去。相反，坏女人倒是被男人宠得滋润、自在，日子一天比一天光鲜。两种待遇天壤之别，真让人感叹世道不公。

我儿子小的时候，问他家里的人喜欢吃什么，每次他都说得有板有眼的，最后问到妈妈喜欢的食物，却说："妈妈没有爱吃的东西，我们吃什么她就吃什么。"我在自豪自己是个好女人的同时，顿悟：一个忽视自己的女人是容易被别人忽视的。比孺子牛还辛劳，却让周围的人无视，好女人有什么理由不发疯呢？

让别人发疯，还是自己发疯？这是一个问题。当然，大多数善良的女人都不忍心让别人发疯，但至少也别让自己发疯。为什么要设立"三八妇女节"呢？就是提醒平时忽视自己的好女人该给自己一点关爱。

女人关爱自己，时常要给自己进点补。进补未必都要昂贵的东西，关键是要应季，适合自己的体质。

大家都知道燕窝是女性最佳的养颜补品，但是燕窝很贵，而且还有假货。银耳自古就有赛燕窝的美誉，不仅长得像燕窝，也一样具有养颜的功效，是普通人的养颜佳品，而且这道甜品只要1元钱。在香格里拉酒店吃过一道"安南子燕窝"，端上来不注意看还以为是血燕，心想主人真客气，问了服务员才知道是胖大海和燕窝一起炖的。安南子是胖大海的学名，我们就用安南子与银耳一起炖一道"赛燕窝"吧，既去燥又养颜。

妙手煮意

主料：银耳 50 克、胖大海 20 克
调料：冰糖适量

赛燕窝

做法

1 银耳、胖大海用水泡发开，切碎；
（要把胖大海的芯和外壳去掉）

2 银耳、胖大海放炖盅里，隔水炖 1
个小时；

3 炖熟后加入冰糖即可。

煮妇私经验

没有胖大海的话，光银耳本身也
是很好的滋补品。

微波干贝煮冬瓜

爱情是艺术 婚姻是技术

爱情是艺术，是狂欢。婚姻是技术，是合作。"为你付出所有"等疯言疯语并不适合婚姻。美满的婚姻一定是配合默契的合作，而不是一厢情愿地全情付出。婚姻是合作，经济、事务、情感的合作。婚姻之道就是合作之道——双方各尽其责。

有个女友非常能干，把家里所有的大事小事都包揽了，把老公当孩子一样宠。于是她的老公轻松自在，四处游玩，因为家里没有需要他的地方。后来女友的婚姻出现问题了。我对她说："你婚姻的问题主要在于你，是你不懂得合作。"她很委屈："我多做事情难道还有错吗？"

这个女友不知道，不负责任是不懂合作，而把对方的事情也做了则是越俎代庖，也同样是不懂合作。你把事情都做了，对方在家里没有任何好牵挂的，心思自然就跑到别人那里去了。我们经常可以看到，每个不负责任的男人背后都有一个过分能干的女人。

婚姻是各尽其责的合作，幸福与否很多时候不取决于你个人的能力，而是取决于你与他人合作的能力。因此，普通人可以过得很幸福，能干的人却未必家庭美满。

食材也需要搭配得当才能做出美味佳肴。干贝和冬瓜都是好原料，但干贝用多了味道变浊，冬瓜多了则淡而无味。干贝和冬瓜就如两个能干的人，要配合得好，才能烹制出一道新鲜味美、清新爽口的家常菜。

妙手煮意

主料：干贝 40 克，冬瓜 500 克
调料：盐适量

煮妇私经验

也可以直接把冬瓜切小片与干贝一起煮。干贝有咸味，盐要少放。

微波干贝煮冬瓜

做法

1 冬瓜先切成 10 厘米见方的小块，再在冬瓜的面上用刀按水平和垂直方向各划 3 刀，但不要切断，冬瓜放入碗中；

2 干贝用温水泡软，揉碎；

3 将干贝末填入冬瓜的缝隙中，加入水，水淹没冬瓜即可；加少许盐，放入微波炉中用高温煮 2 分钟，再中温煮 5 分钟即可。

黄豆芽煲排骨

婚姻如做菜 择偶是选料

网友点评

看起来般配的两个人不一定就能够和谐地生活！是啊，婚姻如鞋，适不适合只有自己知道。
——萍子

做菜与人生感悟能如此美妙地结合在一起，绝对的经典。
——田园野老

同意博主的论点，可是人很难在没有品尝的时候知道它的味道，而且吃了它以后的副作用也要等很久才能发现，所以婚前练就一双慧眼最重要。
——幸福白狼

做菜最重要的是什么？火候？调味？都不是，是选料。选料选不好，再高的厨艺也做不出健康的菜。婚姻也一样，择偶最重要，娶错新娘嫁错郎，任凭你婚后再怎么努力也枉费心机。

婚姻讲门当户对，这里面的含义很多，不只是指家庭背景相当，还包括两个人的性格是否有冲突。家庭结构是否接近也是很重要的因素，比如双方家庭都是妈妈说了算，这样的两个人组成家庭就比较和谐，很自然是女人说了算。当然，所有相配条件中最重要的是价值观要一致，一方觉得钱最重要，另一方觉得知识最重要就很难和谐地生活。婚姻是最细节的身心合作，不能光看表面条件，要注意性格、价值观是否相合。

做菜跟婚姻一样，食材配不好会破坏营养价值，有的甚至有害身体健康。选料重在营养价值的相配，色香味应次之。看起来般配的两个人不一定就能够和谐地生活，就像黄瓜配番茄，绿配红很是养眼，但是黄瓜能分解番茄中的维生素C，使营养价值降低。择偶时备受推崇的有钱、漂亮并非人人都适用，如很有营养的牛肉跟洋葱配好吃，跟韭菜配则容易上火。番茄美女的个性更强，与牛奶、土豆、红薯等都不能配。两个好人加在一起未必就能锦上添花，就像鸡蛋、豆浆这两样温和滋补的食物却不宜相配，因为豆浆中含有的胰蛋白酶抑制物会影响蛋白质的吸收。

食材搭配得好才能把食材的营养发挥到最佳水平，"黄豆芽煲排骨"就是一道原料搭配得很好的菜，因为他们都是熬高汤的好材料（黄豆芽是素菜馆里熬高汤的原料）。这道汤以排骨的美味为主，黄豆芽的鲜香不抢排骨的荤味，又互相提升各自的美味，所以是两个绝配的食材。

黄豆芽煲排骨

妙手煮意

主料：排骨 500 克、黄豆芽 250 克

配料：生姜 4 片

调料：盐适量

做法

1 排骨切小块，放沸水中氽 1 分钟捞起，黄豆芽也用沸水氽过捞起；

2 沙锅里的水烧开后放入排骨，煮开后用小火煲 30 分钟，加入黄豆芽、生姜片再煲 30 分钟。关火前 10 分钟加入盐即可。

煮妇私经验

一定要用黄豆芽，不能用绿豆芽。

咖喱大虾粉丝

婚姻是同化不是童话

网友点评

夫妻相大概就是这样得来的，相处久了，连样子都会同化的！当然，除了这个之外，还有生活习惯、作风举止、谈吐什么的都会同化。

——榕树下

怪不得我每次费了老大的劲换着花样让大家多吃点清淡的菜，结果一顿火锅吃下来，连我也跟着他们的口味同化了，呵呵！

——潇潇

妈妈原来口味很淡，但跟爸爸结婚以后口味就被爸爸带得很重。虽然妈妈也知道吃太多盐对身体不好，但是她却觉得这是幸福的改变。

——伊一

学外语有三种方式，坐着、站着、躺着。坐着，就是在教室里跟着老师学；站着，是生活中跟别人学；而躺着，则是跟枕边的人学。无疑，跟共同生活的人学外语进步最快。

婚姻是一所学校，互相学习，也互相同化。同化的不仅是语言，还有生活习惯，甚至处事方式。婚姻不是浪漫的童话，而是细节的同化，既有爱意的融合，也有无奈的妥协。和谐的婚姻也就是同化程度较高的婚姻。

那么谁同化谁呢？一般是就低不就高，因为学好不容易。比如有一对夫妻，一个小气，一个大方，经常为钱争吵，每次都是小气的占上风，因为钱少往外拿看起来总是有理，为保持婚姻的和谐，大方的就得向小气的妥协。又如，一个平庸、一个高雅的一对夫妻，最终也是高雅的被同化，因为婚姻生活本身就是琐碎的、世俗的。一个想去看画展，一个要去逛街，结果往往是一起去逛街。

在同吃一锅饭的婚姻中，口味的同化是最彻底的同化。一般是口味重的同化口味淡的，因为味蕾的刺激强度是很难降低的，总不能让心爱的人天天食之无味吧？因此，想保持婚姻中的领军地位，要从口味做起。

"咖喱大虾粉丝"就是一道口味偏重的菜。咖喱是由不同的香料结合而成的，除能增加食物色香味之外，也能促进胃液分泌。咖喱的辛香加上虾的鲜美，是一道让人胃口大开的菜，做法简单又能体现烹调的水准。有个博友告诉我，这道菜已经成为她家宴客的保留菜了。

咖喱大虾粉丝

妙手煮意

主料：粉丝 100 克、大虾 100 克

配料：蒜 5 瓣

调料：咖喱粉、酱油、食用油各适量

做法

1 粉丝放入开水中泡 3 分钟捞起，大虾剪去须足；

2 锅里放一勺油，放入蒜末煸香，再加入咖喱粉翻炒片刻，使其散开；

3 加入大虾，当虾开始变红的时候倒入粉丝，加酱油和一勺水，翻炒均匀后用中火煮 10 分钟即可。

煮妇私经验

油可以比平时炒菜时多放一些，因为粉丝比较吃油。另外，最好选用活虾。咖喱的用量根据个人口味而定。

酸辣洋葱

爱情拒绝剥洋葱

网友点评

简单的一道菜，却让你做得如此漂亮和鲜活，真是好厨艺！

——老友干捞加蛋

男人是洋葱！因为你会想去了解这个男人的心，所以一层层地去剥开他，剥到最后才发现，洋葱是没有心的，而剥的过程中还不断地让你流眼泪。

——是_烦

"爱"是个美丽的字眼，但在"爱"这个迷人的字眼后面隐藏着占有、嫉妒和猜疑。其中的猜疑，尤其是"爱"的大忌。无端猜疑就如剥洋葱，剥得你泪流满面，结果里面什么也没有。所以，爱情诚可贵，信任价更高。

信任是爱的黏合剂。爱情中的信任，可以驱除你对丧失的恐惧，于是就没有约束，也无须反复验证。信任未必包含爱，但爱当中必定要有信任，才可以风雨同行。

有个女人总是怀疑老公有外遇，按她老公的说法就是：她的推理能力足以当一名出色的侦探。嫉妒、猜疑、盘问、跟踪、解释、发誓之类的小闹剧在她家持续上演，而信任每次都在剧情中缺席。刚开始男人还觉得女人猜疑是因为爱自己，小闹剧也蛮有情趣的。但当闹剧一次又一次不断地重复，男人感受到的不再是爱，而是不信任和不尊重，爱情也逐渐消耗殆尽。所以，婚姻中千万不要剥洋葱，它会剥去幸福的生活。

不过，生活中一定要常吃洋葱。因为洋葱集营养、食疗和保健于一身，是不可多得的保健食品。洋葱既可用来调味，又可作为菜的主料。"酸辣洋葱"就是一道用洋葱做主料的菜，加了肉末和辣椒丝，让洋葱更加美味。

酸辣洋葱

妙手煮意

主料：洋葱 150 克、辣椒 100 克、
　　　肉末 100 克

调料：盐、白醋、食用油各适量

做法

1 洋葱洗净后切成丝，辣椒洗净后也
切成丝；

2 油锅烧热后，将肉末、辣椒炒香，再
放入洋葱翻炒片刻，加入盐，最后
烹入白醋，翻炒均匀即可出锅装盘。

煮妇私经验

喜欢吃辣的也可以用干辣椒。

鸡肉苹果色拉

幸福并不取决于厨艺

美慕会做饭的女人，欣赏享受做饭的女人，觉得她们特有魅力！多次幻想自己是个可爱的煮妇，但实在无能为力！也许你说的对，用心就好了。看来自己用心不够，才会让自己停留在幻想中。

——摩登原始人

"可爱的性格和生活的情趣比厨艺更重要。"这句话对我来说太受用了！之前有一阵子被有些会做菜的人吓唬坏了，觉得自己完蛋了。不过我最近做菜还是有进步的，主要是有你这样的好老师，会讲还不吓唬人。

——平凡jerry

现在网络上活跃着一大群厨艺高超的煮妇，色香味俱全的家常菜看得人眼花缭乱。女性网友艳羡之余，又很为自己的手艺自卑和担心。不是有一句老话吗？抓住男人的胃，就能拴住男人的心。厨艺不好，家里那位的心不就掌控不了了吗？

按此逻辑，女厨师应该是最有魅力的女人了。其实不然，婚姻的幸福与否并不取决于厨艺。何况现在到处都是餐馆，哪儿都可以吃到美味佳肴，女人担心自己的厨艺不出众，有点杞人忧天了。

在婚姻生活中，可爱的性格和生活的情趣比厨艺更重要。从未听说因女人的厨艺不佳而导致婚姻失败的，倒是一张拉长的脸、喋喋不休的埋怨足以让满桌的美食失色，也足以令她身边的男人避之唯恐不及。要知道，男人并不是宠物，仅喂饱是不够的。

女人不擅长厨艺不要紧，只要尽心去做就好了。真正爱你的男人，不会因为伴侣没有厨师资格证就嚷嚷着要分手的。如果实在觉得自己的手艺难以见人，教你一个最简单的方法：冬天吃火锅，夏天吃凉菜。只要经常变换食材，餐桌一样五彩斑斓。

这是一道适宜夏天食用的凉菜，做法简单，不擅长厨艺的人都可以试试。为了美观，这道鸡肉苹果色拉选了比较多食材，做的时候还可以在食材上再简化一些。

鸡肉苹果色拉

妙手煮意

主料：鸡脯肉 200 克、青苹果 100 克、
　　　鸡蛋 2 个、番茄 100 克
调料：盐、料酒、色拉酱各适量

煮妇私经验

色拉是最简单的凉菜，可根据自己
的喜好选择原料，不用照搬菜谱。

做法

1 青苹果切成小粒，泡入盐水中防止变
色，番茄切小粒；

2 鸡脯肉放入沸水中，加盐和少许料酒
煮熟（6～7 分钟）捞起，撕成细丝；

3 鸡蛋煮熟，去壳，取出蛋黄，压碎，
调入色拉酱中，蛋白切成小粒；

4 将鸡肉丝、青苹果粒、番茄粒、蛋白
粒放在色拉碗里，调入色拉酱即可。

啤酒煮鸡翅

好女人不等于好妻子

　　任劳任怨、忍辱负重的女人应该算好女人，但好女人不等于就是好妻子。好妻子是能够培养出好丈夫的女人。

　　女人不能像爱孩子一样爱老公，因为母爱可以不求回报，而男女之爱是互动的，夫妻是互相塑造的。一味地纵容、忍让无法造就好丈夫，只会把自己整成怨妇。由于你毫无原则的"好"，男人不仅会离你渐行渐远，甚至有可能变得得寸进尺，蛮横霸道。

　　婚姻就跟做菜差不多。菜不好吃，不能全怪原料不高档，也要检讨一下自己的厨艺。做中餐最难的是什么呢？是火候！有时要用大火，有时要用小火。大火是多少度？小火是多少度？这些都难以量化，如何去掌握，全凭煮妇经验和悟性。对待老公也一样，坚持或妥协，撒娇或撒泼，什么场合，什么时间，要靠女人的聪明和理智。好的妻子，就应该懂得拿捏好分寸，与丈夫进行良性的互动。

　　如果你懂得掌握婚姻中的火候，你才有可能成为好妻子。如果你能掌握做菜的火候，你才是个娴熟的煮妇。

　　琢磨透做菜的道理也就明白了婚姻的道理，这道"啤酒煮鸡翅"就是需要把握火候的菜，先大火，再小火，最后大火，就如夫妻之道需要把握进退的尺度，有一定烹饪基础的煮妇不妨拿来练练手。

啤酒煮鸡翅

妙手煮意

主料：鸡翅 10 个、啤酒 500 毫升

配料：八角 5 粒、生姜 5 片

调料：老抽、冰糖各适量

做法

1　鸡翅放沸水里汆 1 分钟捞起，在冷水里泡 5 分钟；

2　将鸡翅、啤酒、八角、生姜一起放锅里，加入老抽用大火烧开，转中火煮 10 分钟；

3　锅盖打开，火调到最大，加入冰糖，用大火烧 3 ～ 5 分钟，待锅里的汁变稠即可起锅装盘。

煮妇私经验

如果没有老抽也可以用生抽或酱油。

咸蛋黄拌豆腐

因为付出 所以更爱

我爱咸蛋，我爱豆腐，可是我咋就没想到把他们组合一下呢？还是你聪明。

——背对回忆

学习做菜的同时，这些文字也是叫人一读再读的，没有冗长的唠叨，总见生活的智慧！喜欢！女儿是比较喜欢吃豆腐的。她喜欢松软熟烂的、不费牙口的食物，稍硬的食物尝也不肯尝，比较头疼。这一招我学去了！

——星贝贝

有位朋友是个全职主妇，她先生是个事业有成的男人。有次在她家做客，我不仅品尝了最美味的家常菜，也感受到了什么叫幸福的婚姻。夫妻之间虽然话不多，但是，当看到男人在厨房、客厅里不停地忙碌着，默契地配合着老婆整出一桌美食时，足以令人有"只羡鸳鸯不羡仙"的感慨。

朋友说她先生平时工作非常忙，但是每天她都会留一点家务事给他做，这样他才会牵挂这个家。这是个聪明的女人，她的话让我想起了童话《小王子》里的一个片段。

小王子说："我的那朵玫瑰花，一个普通的过路人以为她和你们一样。可是，她单独一朵就比你们全体更重要，因为她是我浇灌的。因为她是我放在花罩中的。因为她是我用屏风保护起来的。因为她身上的毛虫是我除灭的。因为我倾听过她的怨艾和自诩……"

狐狸说："正因为你为你的玫瑰花费了时间，这才使你的玫瑰变得如此重要。"

玫瑰隐喻情感。也许它是普通的，不完美的，但你为它付出，为它牵挂，就能从中体验到幸福、快乐和忧伤。当你付出越多，便会和它产生更深的关联，成为你内心难以割舍的一部分。

情感是个不等式，不是"因为得到，所以更爱"，而是"因为付出，所以更爱"。父母总是最爱小时候体弱多病的孩子，因为那孩子更需要他们的照顾，他们为他付出更多，和孩子有着更深的情感互动。

许多女人心疼在外打拼的男人，舍不得让他们参与家事。我想，不论男人在外有多么大的事业，都要让他在琐碎的家务中付出适当的时间和精力。那样，家对于他才会是独一无二、难以割舍的，是外面花花世界再多诱惑也替代不了的。

这道"咸蛋黄拌豆腐"容易做，好吃又养眼，不妨让男人试试，也培养一点做菜的兴趣。对家有了另一种付出，他会更爱这个家。

咸蛋黄可以单吃，入菜也很美味，加上香菜、香油，更让这道简单的豆腐色香味俱全。

咸蛋黄拌豆腐

妙手煮意

主料：豆腐 1 盒、咸蛋黄 1 个

配料：香菜、熟芝麻各适量

调料：盐、香油各适量

做法

1 豆腐切成小块，咸蛋黄捣碎，香菜洗净切碎；

2 将咸蛋黄、香菜、盐、熟芝麻、香油拌入豆腐中即可。

煮妇私经验

　　咸蛋黄有咸味，盐可以比平时少放一点；也可以用辣椒油替代香油。

双脆炒肉丝

幸福婚姻的秘籍

"相爱到死"是多数人追求、少数人拥有的完美婚姻。但正是这种童话式的完美，误导了众多没有那么幸运的人们，让他们对自己的婚姻很失望。其实，许多婚姻并没有问题，因为标准太高才有了心理上难以忍受的落差。以大厨的标准要求普通家庭煮妇，那么家常菜通常会变得难以下咽。

在婚姻中坚持不懈地追求完美的爱情，失望总比欣喜多。因为结婚证不是爱情保证书，婚姻只是共同经营的生活模式。

婚姻之道相当复杂，指导婚姻的秘籍也非常多，"调整婚姻标准"可以说是非常重要的一条秘籍。因为在漫长的岁月中，环境会变化，人会变化，爱情会变化，婚姻也会像肌体一样出现毛病，以平常心接受婚姻的不完美才会让人有幸福感。引一句哲人的话——"天堂里什么都有，唯独没有婚姻，所以也不要在婚姻中寻找天堂。"

相爱到死是件幸事，但少点爱情也不妨碍相伴一生。可是，总不能无限制地降低对婚姻的要求吧？调整婚姻标准有底限吗？当然有，法律不是还允许离婚吗？这个话题在下一篇中讨论。

先做一道家常小炒"双脆炒肉丝"，就如普通人的婚姻，如果你不以大厨的标准来衡量，它是相当美味的一道菜。

双脆炒肉丝

妙手煮意

主料：猪瘦肉 100 克、蒜薹 100 克、鲜茶树菇 100 克

配料：红辣椒 1 个

调料：食用油、盐、淀粉、鸡精各适量

做法

1 猪瘦肉切成肉丝，用淀粉抓匀。蒜薹、鲜茶树菇切成段，辣椒切丝；

2 锅置火上放适量油，先下肉丝，快速滑开；再加入蒜薹、茶树菇段和辣椒丝翻炒，加盐、鸡精，炒 2 分钟即可装盘。

煮妇私经验

滑炒肉丝时油温不宜太高，烧到五成热即可，否则，肉会发硬。

香芋豆豉蒸排骨

婚姻是储蓄型养老保险

比喻得非常贴切，保险交得越多越久，晚年越幸福，千万不要轻言分手。

——亮晶晶

"只要你相信你们老的时候会互相照顾，你们的婚姻就还有存在的价值。"太有新意的劝慰。

——小瓶子

肋排又有豉汁还有蒜香，一定很香很嫩，而芋头吸收了肉汁就一定很好吃了。喜欢这样的做法，很健康！

——文文老妈

电影《非诚勿扰2》中有个情节：葛优为了考验舒淇老了会不会照顾他，故意坐在轮椅上装瘫痪。这让我想起了有种储蓄型养老保险，至少要交15年才可以在60岁以后拿保险金。婚姻就是储蓄型养老保险，得有几十年彼此的付出，相濡以沫，老的时候人家才会心甘情愿地照顾你。刚结婚就考验着实搞笑。

中国是一个"家天下"的社会，生老病死都要靠家庭自救。家的意义不仅是温情，更提供了最基本的安全感。在社会保障体系尚未完善之前，不论你的思想多么前卫，都无法摆脱对家庭的深度依赖。中国的婚姻也承载着更多的责任和义务，所以，对感情的要求就不能太高了。不能以感情和满意度来评价婚姻的质量，白头偕老就是中国式婚姻的最高境界，哪怕是凑合一辈子。这是国情决定的。

每当有朋友在是否应该离婚的问题上来咨询我的时候，我都会说："只要你相信你们老的时候会互相照顾，你们的婚姻就还有存在的价值。如果你现在觉得在婚姻中付出比得到的多，那么就把它当做交养老保险吧，这样心理会比较容易平衡。"中年以后离婚，就像交了20年的保险中途退保，一笔勾销，损失颇为惨重。对于普通百姓来说，中年以后离婚是一件缺乏理智的事。

婚姻是储蓄型养老保险，健康也是储蓄型保险。如果年轻的时候挥霍身体，58岁才开始养生，那么60岁就很难健康了。健康的身体也是日积月累的结果，顺应自然、适度节制的有规律的生活，才能让你的晚年有一个健康的体质。

合理膳食是影响健康的一个重要因素。合理膳食包括合理选料和科学烹调。介绍一道粤式茶点中经常见到的"香芋豆豉蒸排骨"，选料科学，荤素搭配，蒸制方法又保证了食物营养不流失，而且非常美味，做法简单，是一道适合上班族的快手家常菜。

妙手煮意

主料：猪排骨 300 克、芋头 300 克

配料：蒜头 5 瓣

调料：豆豉、盐、生抽、淀粉各
　　　适量

香芋豆豉蒸排骨

做法

1 芋头切小块，用少许盐抓匀。蒜末
炸香，豆豉切碎；

2 猪排骨切小块，用豆豉、蒜末、生
抽腌 10 分钟，加少许淀粉拌匀；

3 将芋头铺在碗底，上面摆上腌好的
猪排骨，放沸水锅里蒸 15 分钟即可。

煮妇私经验

　　蒜末也可以不放。没有豆豉，可
以用豆瓣酱。喜欢口味浓香的朋友，
也可以把芋头用油炸过。

四物养颜汤

当婚姻遭遇第三者

不是每个人都能写出这样智慧的语言的，用简单的文字堆砌成心灵的慰藉。

——木子

女人一定要为自己而活，活出自己的精彩，有自己独立的经济保障和人格魅力，担心婚姻出现问题的是男人，而不是我们！

——萍子

"不要碰已婚男人，每一个已婚男人的阁楼上，都有一个手持火把的疯女人。"呵呵，太经典了！女人为了维护自己的婚姻，是无所不能的。

——留美坐家

在一篇评论《简·爱》的文章中有这么一句话："不要碰已婚男人，每一个已婚男人的阁楼上，都有一个手持火把的疯女人。"当然，女人只有在婚姻受到外来威胁时才会变成罗切斯特的疯女人。

当婚姻受到来自第三者的威胁时，不同的女人会采取不同的方式去解决：可以一把火烧了房子；也可以手持火把吓唬一下人；还可以置之不理。因为婚姻的问题差异太大，没有标准答案。离婚、以牙还牙、吵闹威逼、装聋作哑或积极修复等，都是解决第三者问题的方法。没有最好的方法，只有最适合的方法。外遇问题需要用智慧去解决，而不是讨回尊严争口气那么简单。不论采用哪种方式解决问题，都必须做一件事，就是重新树立自信，因为婚姻遭遇第三者是对人自尊和自信的强烈打击。

如何重新树立自信呢？参加运动、团体活动、寻求朋友的帮助等都能增强人的自信，而参加公益活动、做善事则是增强自信最好的方法，在帮助别人的过程中能够帮助自己成长，重新获得自我价值。除此之外，善待自己的身体，吃好、穿好也能带给人自信。

做一道养颜美体的"四物养颜汤"，做法很简单，食材也很容易买到，重要的是要有一颗爱自己的心。当然，这份养颜汤要经常喝才有效，一周喝2～3次吧，一定会让自己变得滋润和美丽。

四物养颜汤

妙手煮意

主料：马蹄 500 克、甘蔗 500
　　　克、玉米 500 克、胡萝
　　　卜 500 克

做法

1 所有原料切成小段。
2 将食材放入锅中，加 3 升水煮 1 小
　时即可食用。

煮妇私经验

也可以选用菠萝、莲藕等水果
蔬菜作原料。

山药鲫鱼汤

离婚是脱皮 幻灭多于蜕变

网友点评

虽然补救婚姻比补救一道菜要难得多，但总是会有好转的机会。

——姜晨

如果将就一下，咸菜汤就吃进了肚子，烂婚姻就这么过下去了。

——琦琦七七

说得太对了，维持婚姻不全是靠感情，婚姻中有太多的让你割舍不下的因素，经营婚姻的确很难，但即使再难也要把婚姻坚持下去！

——我的天空永远蔚蓝

中国离婚率已连续数年递增。我觉得离婚率上升的主要原因有两点：首先是白头偕老观念的淡漠；其次，家务劳动社会化，女性的独立使得男女之间的依赖越来越少，对婚姻的容忍度自然也会下降。

婚姻是一种合作的生活方式，有着情感慰藉、经济协作、生活互助、生理满足、赡抚老幼等方面的合作，其中感情是愉快合作的基础，但婚姻的价值还应该全面地考量。当婚姻出现矛盾的时候，只要你认为婚姻还有价值，就应该往好的方向积极改善，不要轻易放弃，特别是有了孩子以后。

离婚看似一了百了，其实并不一定是解决婚姻矛盾的最佳方式。因为离婚不是脱衣服，而是脱层皮，脱了皮后也未必能像化蛹成蝶那样蜕变重生。离婚对双方和孩子造成的伤害不在此赘述。

做坏的菜就像问题婚姻，确实让人难以下咽，最简单的方法就是"离婚"，和它分手，直接倒掉。但还是要先做补救，实在没办法吃再出杀手锏。补救婚姻的方法要因人而异，需要理性和信心。补救一道菜比补救婚姻容易得多，下面就教大家几种汤太咸的补救方法，保你即用即灵。

汤过咸的补救三法：一是用纱布包一些煮熟的大米饭放进去；二是切几块土豆片下锅一起煮，煮熟后立即捞起；三是放几块豆腐或番茄片同煮。

这道"山药鲫鱼汤"，营养丰富，也很美味，煮得好是一锅靓汤。如果不慎煮得太咸了，不必倒掉，也不要加水冲淡，按上述方式处理，可以让汤的咸味变淡一些。

山药鲫鱼汤

妙手煮意

主料：鲫鱼 300 克、山药 150 克

配料：胡萝卜 50 克、生姜 3 片

调料：食用油、盐、胡椒粉、味
精各适量

煮妇私经验

煮鱼汤之前鱼要正反面煎一下再
煮，汤的颜色才会呈乳白色。

做法

1. 鲫鱼洗净，切块。山药、胡萝卜洗
净切块；

2. 锅里放少许油，烧到六成热，放入
鲫鱼稍煎片刻，加入开水，放入山
药、胡萝卜、生姜片，煮开后加盐
和胡椒粉，再用中火煮 10 分钟，
调入味精即可。

黄花鱼煮豆腐

无用的女人最厉害

经常有女人说男人婚前婚后变了个人，我觉得这与妻子有一定的关系。好男人是父母培养的，而好丈夫则是妻子塑造的。怎样把好男人塑造成好丈夫呢？好丈夫是被依赖、被崇拜出来的，而不是悉心照顾、批评教育而成的。

说个女人的故事。有个女人笨手笨脚，做菜难吃就不提了，还经常把手烫破、割破了，做饭自然就归老公管了。如果老公没回来吃饭，她就跟孩子一起吃快熟面、饼干、牛奶，那可怜状着实让人心疼，所以老公没有非常重要的事情都会赶回家做饭的。她呢，体质还很弱，老公如果晚上迟回家，她不会批评教育他，而是第二天嗲嗲地说，你迟回来把我吵醒了，一夜没睡，今天头疼得很，呈病态状。多做几次，大凡有点良心的男人是不敢造次的。不出几年，一个有责任心的好丈夫就塑造出来了。

这不禁让我想起了张爱玲的名言：无用的女人是最最厉害的女人。温柔且无用的女人更厉害，她们能激发男人的怜惜之心和责任心，而且那是男人心甘情愿的付出。倘若一个女人身强体壮、勤劳能干，外加具有批判精神，那么就很容易让男人丧失自尊和责任心，不负责任的丈夫也就顺理成章地产生了。

虽然婚姻的合作不是评劳模比先进，不必凡事抢着做，但婚姻也不是谁算计谁，也不要故意偷懒。这里不是提倡女人要心计，而是觉得婚姻中温柔更有力量，能够达到四两拨千斤的效果。

"黄花鱼煮豆腐"是一道美味的菜肴，鱼和豆腐是绝配。食材中的鱼就如"无用"的女人。豆腐本身富含钙质，但并非都能被人体吸收，鱼含有维生素 D，可以提高人体对钙的吸收率，当豆腐遇到温柔的鱼，也就有助于提高豆腐的营养价值。

黄花鱼煮豆腐

妙手煮意

主料：黄花鱼 400 克、豆腐 200 克

配料：姜 4 片、蒜 5 瓣、辣椒 1 个

调料：食用油、蒸鱼豉油、盐、胡椒粉、淀粉各适量

煮妇私经验

煎鱼之前将鱼吸干水分再拍上淀粉，这样煎的时候鱼就不会脱皮了。

做法

1 将黄花鱼洗净，吸干水分，拍上淀粉，放油锅里煎成两面金黄，起锅备用；

2 锅里放少许油，加入姜、蒜、辣椒爆出香味，放入鱼和豆腐，加入蒸鱼豉油、盐、胡椒粉和少量的水，用中火煮 5 分钟；

3 最后用淀粉加水勾芡，即可起锅装盘。

第三章

煮妇说男女
男女要平等
不要相等

饮食男女是永恒的话题。你不仅可以照着菜谱为自己所爱的人做出一道道精致的美食，还可以与爱人一起分享蕴含在美食中的爱情妙语。

百合炒牛肉

男女要平等不要相等

平等不是相等，不是平均。老虎和小鸟吃得一样多，前者一定会举牌抗议不平等。平等是一种尊重。

男人和女人要平等，不要相等。女人不必跟男人吃得一样多，易发胖；女人不必跟男人玩得一样多，伤身体；女人也不必要求男人跟女人一样热衷于"爱情"，会伤心；男人愿意买单时女人不必坚持 AA 制，买单是一种荣誉。但一定要肯定男人为生存所付出的努力。当然，男人也应尊重女人为美丽所付出的代价，赞美女人是一种修养。

这几句话最早发在我的博客上，有个博友给我留言说，看到"不必要求男人跟女人一样热衷于爱情"这句话，让她明白了自己婚姻的问题在哪里了。对女人来说，在所有的不平等中，最难以忍受的就是男女对爱情追求的不平等。男人婚后往往不再像恋爱时那样热衷于爱情，热衷于浪漫了。作为情感动物的女人，无法忍受这婚前婚后的落差，依然苦苦要求男人和自己一样保持高标准的情感投入，这样难免就要伤心失望了。

要知道男人是属于社会的，更需要社会的承认和肯定。爱情可以是女人生活的全部，但只是男人生活的一部分。对男人来说，权力和金钱的诱惑大于爱情的魔力。所以，女人不必要求男人时刻热爱爱情，尊重比相等更重要。

男女平等不是相等。食材的平等也不是用相同的方法烹制，而是要根据每种食材的属性分别对待。比如，这道"百合炒牛肉"，百合容易熟，而牛肉不容易炒嫩，不能把牛肉和百合一样处理，要先把牛肉进行特殊的预处理再一起炒，这样才是平等地对待它们。

百合炒牛肉

妙手煮意

主料：牛肉 300 克、鲜百合 150 克
调料：食用油、生抽、蚝油、色拉
　　　油各适量

煮妇私经验

做这道菜我没有用淀粉腌牛肉，更
能保持牛肉的原汁原味，也同样能炒出
嫩牛肉。不过，有些牛肉是注过水的，
可在腌牛肉时加入一些淀粉。如果没有
色拉油，腌制的时候也可以用调和油或
其他熟油。切记，牛肉要切成薄片。

做法

1 牛肉预处理：牛肉切薄片放碗中，
　用生抽、蚝油抓匀，在上面倒入适
　量色拉油，腌 20 分钟以上；

2 锅里放适量食用油，倒入牛肉大火
　快炒，马上加入百合翻炒至牛肉全
　部变色（约 1 分钟），起锅装盘。

香蕉船

恋爱是一场美好的精神病

好漂亮别致的盘子呀，也是俺与你最喜欢的紫色。虽然俺没有抑郁症，但是这么甜爽的香蕉船，忍不住先舀一口吃了哦！

——溢齿留香

这张照片拍得太棒了，角度、用光都非常好。看来煮妇不单善煮，摄影的功力也很了得。

——滨江居士

呵呵，恋爱真的是场美好的病，是大家都期待染上的病。一如既往地喜欢你的文字和你的美食。

——果果朵朵的妈妈

好希望周期性地得这种精神病。

——米粒儿王

恋爱是一种精神病，因为它完全具备了精神病的各种特征：亢奋、偏执、成天欢天喜地、不知疲倦，处于失控状态；性情大变，粗暴的变温柔，胆小的变豪放，会写字的都成了诗人。

特别是出现幻觉，对方明明是凡人，却当成天使；明明是个成年人，非要当成婴儿细心照料、万般牵挂；明明是个健康人，非要当成病人嘘寒问暖、关怀备至……甚至会出现强迫观念："没他（她）我会死"。

为什么说恋爱是美好的精神病呢？因为失常的行为仅限于两个人之间，不影响他人；更重要的是它让我们体验到，原来生命还可以拥有这般妙不可言的感觉。可惜恋爱这种精神病会不治自愈。一段时间病就好了，幻觉也消失了，要么结婚，一起过正常人的日子；要么分手，各自过正常人的日子。

恋爱是一场美好的精神病，不论它是短暂的没有结局的，还是尘埃落定有情人终成眷属，那些相恋的记忆都一样刻骨铭心，如珍珠般闪耀在生命里。当你"不幸"患上了这种病，请尽情享受它。那么，恋爱中的人要吃什么呢？

不妨经常吃些巧克力、香蕉、红枣等食物，它会使人心情愉快，产生大量的生物能，还能促进性激素的合成。这道"香蕉船"是为恋爱中幸福的人设计的，愿有情人幸福到老。

香蕉船

妙手煮意

主料：香蕉 1 根、时令水果 200 克

配料：雪糕（冰激凌）1 块、色拉酱适量

做法

1 把水果切小块，加入色拉酱或雪糕拌匀装盘；

2 香蕉对半切开，围在边上。

煮妇私经验

也可以把水果、香蕉切小块，直接拌冰激凌或色拉酱，就是普通的水果色拉。

木瓜竹荪炖排骨

爱情需要朝朝暮暮

有一对恋人，从相识开始热恋多年。到了谈婚论嫁的时候，男的要去澳洲读书，女的留在国内，他们相信不需要朝朝暮暮也能爱得死去活来。三年后，信誓旦旦的爱情终究敌不过空间的距离和时间的磨损，因一个澳洲女孩的介入而画上了句号。

爱情需要朝朝暮暮吗？我认为要让爱情保鲜，重要的是要把爱情封闭好，应尽量减少双方自由的时空。理由有二：其一，独自活动太多，势必造成两个人发展的不同步而拉开心灵的距离；其二，人性卑微且脆弱，与其让对方在诱惑面前挣扎，不如在时间空间上互相约束，减少诱惑，也可防患于未然。

爱情不需要见多识广，封闭才能保鲜。两情若要久长时，还在于朝朝暮暮。在这充满变数、充满激情的岁月，倘若你想追求无瑕的爱情，那么，请将你的爱情盖紧。爱情就如炖汤一般，盖紧才能保证营养不流失，美味不漏气。

"木瓜竹荪炖排骨"是一道营养炖品，竹荪养颜，还有脱脂的效果，木瓜是美容丰胸的佳品。当然，原料是放在碗里加盖炖出来的，原汁原味，美味营养。额外说一句，竹荪非常神奇，可以延长汤羹的存放时间，保持菜肴鲜味不腐不馊。朝朝暮暮就是爱情中的竹荪，可以令恋人的情感不变质。

网友点评

朝朝暮暮的爱情可能会腻吧。东西吃得太腻还是想去吃点爽口的，比如泡菜。

——心明妙现

煮妇总是这么睿智。我也同意你的观点，异地爱情真的很难坚持。时间短还行，长了恐会生出变数了啊。

——淑淑

木瓜竹荪炖排骨

妙手煮意

主料： 猪排骨 300 克、竹荪 20 克、
　　　木瓜 50 克

调料： 盐适量

煮妇私经验

　　竹荪用清水泡 20 分钟可以洗净其
中的沙粒。竹荪是一种食用菌，在大超
市有售，也可以网购。

做法

1 将猪排骨切小块，放到沸水里汆 2
分钟捞起；

2 竹荪剪小段、洗净，木瓜切小块；

3 将竹荪、猪排骨一起放碗里，加盐，
加盖，隔水炖 30 分钟，加入木瓜
再炖 30 分钟即可食用。

法式烩土豆

失恋的两剂良药

恋爱是件疯狂的事情，伤神耗体力，时间长了身体受不了。所以恋爱一段时间就得消停下来，比如结婚、比如分手。但是如果一个人消停了，而另一个人不肯消停，就叫失恋，就有了"痴男怨女"这个词。

一个电台情感热线主持人节目开始前在微博上写道：但愿今晚打电话进来的不全是智障。我回她：不智障的会打电话给你吗？当一个人为情所困的时候就是暂时性的智障者。这位主持人的话对每个"智障者"都是当头一棒，意思是对方分明不爱你了，你还留恋什么！但是，一个人如果这么想还会为情所困吗？常人的逻辑对于他们是行不通的，失恋的人就像刹车失灵的汽车司机，跟他们说交通规则是无济于事的。

对失恋的人说教、劝慰都难以消除其痛苦。情感的痛苦只有两剂解药，一剂是西药——新欢。新欢是情感创伤的良药，就像西药一样立竿见影，让你继续新一轮的心跳。当然，西药比较贵。还有一剂中药——时间，时间总会让人慢慢消停下来，撕心裂肺的伤痛随着时间的流逝也会变成一块不痛不痒的疤痕。但是中药见效慢，得经受一段时间的痛苦。

食与色的道理是相通的。甜食和荤菜是味觉的热恋，如果太迷恋它们，时间长了，身体也是受不了的。等医生让你停下来少吃的时候，就会跟失恋一样的痛苦，中药、西药都用上也未必有效了。所以，平时也要多吃点蔬菜。但是蔬菜就像那些没有激情的日子一样无味。如何才能让蔬菜更美味呢？

可以在煮蔬菜时加入美味的酱料，如 XO 酱、排骨酱、辣椒酱、番茄酱、孜然粉、胡椒粉、酒等，用姜、葱、蒜、洋葱、辣椒、香料等爆香提味。

用白葡萄酒和黄油做一道"法式烩土豆"，白葡萄酒的醇香、黄油的荤味加上土豆本身的清香，会带给味蕾不一般的享受。这道菜虽然没有荤菜的激情，但也不乏温情和甜美。

网友点评

比喻得真是准确美妙！两个方子也开得好。只是，这两个方子都不容易啊。还是吃菜吧。吃！
——彦子

我喜欢中药疗法，更喜欢你的菜，看着就是一种享受。
——流水落花

法式烩土豆

妙手煮意

主料：土豆 300 克、洋葱 100 克
配料：芹菜少许、白葡萄酒 50 毫升
调料：盐、胡椒粉、黄油各适量

做法

1 土豆去皮，切成小块，洋葱切成粒，芹菜切碎；

2 将黄油放锅里化开，放入土豆、洋葱稍炒，倒入白葡萄酒、盐、胡椒粉，用小火烩 20 分钟，最后加入芹菜末稍炒即可。

煮妇私经验

没有黄油，也可以用食用油。

螃蟹煲老豆腐

爱情也会老

水有三种状态，气态、液态、固态，分子结构都是H_2O。豆腐有嫩豆腐、老豆腐、豆腐干，营养都相近。爱情也有各种形态，风花雪月的浪漫、干柴烈火的燃烧、相濡以沫的深情，本质都一样。

但有人会不断地追问，"你还爱我吗？""你不像从前那样爱我了。""转化为亲情，还叫爱情吗？"……爱情本没有问题，追求不变的爱情才让爱情成为问题。

爱情不是静物，它是有生命的，也像所有生命一样会生长、会衰老。就算心灵的爱恋不变，爱情的形态也一定会变化。年轻时的爱情是"死了都要爱"；中年的爱情是"左手握右手"；老年的爱情是"你陪我上医院，我提醒你吃药"。

爱情也会老，老去的是形态，不老的是情怀。年轻时的爱情是嫩豆腐，光洁如玉，细腻爽滑，怎么看都好看，怎么做都好吃。中年的爱情如老豆腐，看起来不那么诱人，但吸取了岁月的滋养，美味有嚼劲，谁吃谁知道。老年的爱情是豆腐干，当你老到只能喝点稀粥的时候，切一小片略带咸味的豆腐干下饭，那是人间真味。

中年爱情如老豆腐，并非个个美味，煮得不好则令人难以下咽。老豆腐怎么做才好吃呢？需要美味的高汤，还需要花时间煮得入味。今天做一道美味的"螃蟹煲老豆腐"，老豆腐吸取了螃蟹的鲜美滋味，又有嚼劲，非常好吃。

网友点评

写得真好！爱情不是静物，它是有生命的。爱情也像所有生命一样会生长、会衰老、会消亡。变化才是爱情的常态，送玫瑰花的爱情会变成买白菜回家。

——水木年华

结婚久了，爱情亲情就分不清了，就像螃蟹和豆腐，互相都有了对方的味道。

——食尚小米

螃蟹煲老豆腐

妙手煮意

主料：活螃蟹 400 克、老豆腐 400 克

配料：生姜 5 片

调料：盐适量

做法

1. 螃蟹切块，老豆腐切小块；
2. 沙锅里的水烧开，放入生姜片、螃蟹和老豆腐，煮开后再用小火煲 30 ～ 40 分钟。起锅前 10 分钟加入盐即可。

煮妇私经验

要选用活的海蟹。汤里水不要放太多，豆腐的味道才会比较好。

水果色拉虾

浪漫是对男人想象力的考验

有个女人觉得老公不够浪漫，决定先从昵称开始改造他。别人都管老婆叫小甜心、小宝贝、亲爱的……他老公只会叫她老婆。于是，她就对老公说："你以后不能再叫我老婆了，要叫三个字的。"老公想了半天，说："知道了，叫你'老太婆'。"

浪漫并非出于男人的本意，只是女人制造出来的需求。男人为博佳人欢心，不得不绞尽脑汁想出一些别出心裁的花招。浪漫是需要有创意的，制造浪漫是对男人想象力和创造力的考验，要超乎常规，带给恋人一个甜蜜的惊喜。

以前的浪漫是把情书写在纸上，现在是写在条幅上；以前的浪漫是花前月下的悄声求爱，现在是叫上一群人在楼下喊叫；以前的浪漫是在海边举行婚礼，现在是到海底举行婚礼。

当所有花哨的小伎俩都被用尽，浪漫变得越来越夸张，真正有创意的浪漫则离我们越来越远。于是，出现了一首让人宽慰的歌，"我能想到最浪漫的事，就是和你一起慢慢变老"。

其实女人很好哄，当你技穷的时候，做一道菜给她，她就觉得连空气都是粉红色的。这样一来，求爱胜算的概率就会比较大。这道"水果色拉虾"算是一道浪漫满屋的菜，不仅因为它好看、好吃、简单，而是因为它有创意。

色拉酱通常是用来拌凉菜的，有一次偶然把色拉酱抹在炸好的虾仁上，想不到的是色拉酱遇热后瞬间香气扑鼻，入口时鲜虾的酥脆裹着色拉的浓郁香甜，如同热恋的美妙滋味。同理，把色拉酱涂在炸好的肉上，也一样会带给味蕾浪漫的惊喜。搭配水果吃，则让口感更清新。

水果色拉虾

妙手煮意

主料：活虾 300 克，水果适量

调料：色拉酱、盐、胡椒粉、食用油、
　　　　淀粉各适量

煮妇私经验

虾仁不要煎太老，变红即可。在虾背
上划一刀是为了让虾卷起来，也便于入味，
不会弄的人也可以省去这一步。

做法

1 活虾去头、去壳、留尾，在背上对半
划一刀去虾肠，但不要切断，用盐和
胡椒粉腌 10 分钟，拍上一层薄薄的
淀粉；

2 锅里油烧到七成热，放入虾仁煎熟，
装盘；

3 淋上色拉酱，在边上拼一些水果即成。

杂蔬芋香饭

爱情的手表定律

有个手表定律，说的是如果你戴一只手表，你能确定时间；如果戴两只手表，你反而很难确定时间。当你仅戴着一只手表时，就遵循着它的指示去做，你的生活是有序的；如果怀里还揣着一只表，那得经常校对时间，担心哪只表会出错；倘若手里还拎着一个钟，那么生活定会阵脚大乱。

爱情也如手表，专一地爱着一个人，生活才会安宁。所以，别轻信"幸福男人都有老婆、知己、情人三个女人"这样的传言，疲于奔命的辛苦，不是当事人不知道。

不仅爱情，世事皆如此。简单就是效率，一个单位主事的人太多，效率就会降低。简单才能快乐，精神世界单纯如水，人的内心才会有安详宁静。简单就有希望，人只要保持一个信念，目标方向就会明确。

幸福、快乐都是简单的，但食物却不可单一，偏食不利于身体健康。人是杂食动物，营养齐全才可满足身体的需要，保持身体健康。

"杂蔬芋香饭"是一道营养齐全的饭，可以保障身体的营养需求。这道饭虽然营养丰富，但做法与普通煮饭差不多。

网友点评

俺是传统的，当然应该只戴一块表啦。这饭五彩搭配，造型真漂亮，还很有营养哦！

——溢齿留香

看美女做菜，不但被菜的秀色所诱惑，还让我明白了简单就是效率及爱情的秘籍，大有收获！

——河南望言

妙手煮意

杂蔬芋香饭

主料：大米 250 克、胡萝卜 100 克、
　　　芋头 100 克、海带头 50 克、
　　　青豆 50 克

调料：盐、食用油各适量

做法

1. 芋头、胡萝卜、海带头都切成小粒；
2. 芋头和胡萝卜放油里稍炸一下备用；
3. 大米、海带头一起放入电饭煲中，
   煮开后再放入芋头、胡萝卜、青豆，
   加盐焖熟即可（大约 15 分钟左右）。

煮妇私经验

　　像芋头、土豆这些根茎类的蔬菜用于
煮饭时，最好先过油，这样比较香，也不
容易碎。你也可以根据自己的喜好选择其
他蔬菜。大米先泡 2 小时后煮饭更好吃。

蒜蓉陈皮蒸鱼

男人在家为何寡言

网友点评

盘子很特别，鱼的做法也很特别，有陈皮的味道应该很棒。如果女人不关心中国足球队、中东和平进程怎么办？听男人自说自话也等同于听唠叨了。

——大菜

呵呵，女人不唠叨，男人就会唠叨呀，所以这个艰巨的任务还是交给我们女人啦。美味配上别致的餐具，真是一种享受！

——淡如清风

某电台为了调查各频道的收听率，决定在星期天晚上打电话给 100 个男人。

"请问您现在在听什么？"

"正在听老婆唠叨。"在这 100 个男人中，有 91 个是这样回答的。

都说女人唠叨，其实男人也唠叨，只是男人小事不唠叨，大事唠叨。什么是大事呢？比如政治、军事、经济、体育等。家里的事自然都是小事了，所以男人在家大都寡言。

怎样与男人说话呢？大事只需提个话题，男人就会滔滔不绝地发表高论。比如中国足球队谁来执教最好？中东和平进程何去何从……但是问及小事一定要具体。

如果问小朋友："今天在幼儿园开心吗？"小朋友一定会回答："很开心，老师表扬我了，我还吃了……"因为对孩子来说，所有事情都是大事。如果你问男人："今天过得开心吗？"回答一般是："还行。"你得这么问："今天中午跟谁一起吃饭了？今天领导找你谈什么了？这个月的业绩你排在第几？"等等，越具体越好（女人的啰唆也因此而来）。

到该做饭的时间了，如果你问男人："今晚的鱼该怎么做了吃呢？"回答一定是："随便。"但是如果你随便地就做了红烧鱼，吃的时候他可能会皱一皱眉头，说："味道太重了，还是清蒸的好。"所以男人其实不随便，只是他对不感兴趣的问题不爱思考。你得这么问："今晚我们是吃清蒸鱼还是吃红烧鱼？"回答："那就吃清蒸鱼吧。"

那么，我们就按男人的意思蒸鱼吃吧！这道"蒜蓉陈皮蒸鱼"，做法与普通的清蒸鱼一样，只是加了陈皮、蒜泥作配料，陈皮能够去除鱼腥味，特有的酸甜味又能增加鱼的鲜度，与鱼搭配非常好吃。你一定要试试。

蒜蓉陈皮蒸鱼

妙手煮意

主料：鳕鱼 1 块

配料：蒜头、陈皮各 5 克

调料：食用油、蒸鱼豉油各适量

煮妇私经验

蒸鱼时间按鱼的分量，500 克鱼大约 7 分钟，同时还要看鱼肉的厚度。这道菜中用的是鳕鱼，其他鱼也可以。

做法

1 将鳕鱼块放盘中，陈皮、蒜头切成末，铺在鱼块上，放入锅里，用大火蒸熟；

2 盘子取出，倒去盘中多余的水，不要去掉蒜末和陈皮；

3 锅里倒入适量油，烧到七成热时浇到鱼身上；

4 将蒸鱼豉油倒在鱼身上即可食用。

上汤芦笋竹荪

书是女人的一世情人

读书的女人不是专指有文凭和学历的女人,而是指喜欢看书的女人。对于喜欢读书的女人来说,书是她一生忠诚且完美的情人。

以书做情人,可以让女人找到一个决不会见异思迁的精神伴侣,只要你不变心。同时,书也是最完美的情人,因为书中有永不褪色的梦想,有温暖人心的慰藉,也有如诗似画的浪漫……所有情人间的激情与梦幻,书都可以一一呈现给你。

我常对女学生说,女人应该多读书,应该有更丰富的精神世界。在这个物欲横流的时代,诱惑无所不在。有的女人在社会中受到物欲的困扰,就会依附于男人来获取物质享受,不惜以丧失自己的人格和尊严为代价。

通过阅读,我们可以获得更开阔的思维空间,不汲汲于声色名利的追逐,与世间的丑陋保持一定的距离,以恬静和淡定应对世俗间物欲及虚荣的引诱,使我们不会在浮华与竞争中迷失自我。

当然,读书并非遁世,恰恰是以一种高贵的精神来入世。高贵不是傲慢,不是自恋,不是华丽,而是一种力量,一种追求,一种拒绝媚俗的尊严。

2009年2月24日,中央一套《半边天》播出了一期我的专访"大学教师的美食秘方"。编辑知道我经常借菜喻意,于是让我为《半边天》的主持人张越设计一道菜。也就是说,让我凭借对张越老师的印象,做一道"恰如其人"的菜。

按照我对张越老师的印象,我设计了这道菜,表达了4个内容:有内涵、性格直率、书卷气、女人味。我用竹荪表示内涵,因为竹荪营养丰富,有降血脂、降血压等食疗效果;用笔直、绿色的芦笋表示率真、自然的个性;用书和笔的造型表示知书达理、能言善写的书卷气;用玫瑰花瓣表示她的女人味。最后,我在这些食材上浇上高汤。这高汤是用文火煲了2个多小时而成的,寓意优秀女人需要岁月的滋养。

当我在录制节目时给张越老师解释了这道菜的含义,她特别高兴地说:"还这么多讲究呀,都不敢下筷了。"在此,我也把这道菜送给所有热爱读书的女人。

妙手煮意

主料： 猪排骨 500 克、黄豆芽 300 克、
　　　 芦笋 200 克、竹荪 30 克

配料： 生姜 3 片、干玫瑰花瓣少许

调料： 盐适量

煮妇私经验

竹荪是一种食用菌，大超市有售。

上汤芦笋竹荪

做法

1 将猪排骨放沸水里汆过，黄豆芽也放
沸水中汆过，和生姜一起放在沙锅里，
烧开后，再煲 2.5 ～ 3 小时，起锅前半
小时加盐；

2 竹荪剪成小段，再剪开成片状，放水
里泡 10 分钟，洗去沙子，加入熬好的
高汤，用中火煮 10 分钟；

3 将芦笋切小段，放沸水里汆 1 分钟捞起；

4 将竹荪摆成书的形状，在竹荪上放一
根长的芦笋，摆成笔的造型；最后浇
上高汤，撒上几瓣玫瑰花瓣即可。

陈皮炸排骨

不做完美女人

泼妇看似很吓人，但比泼妇更令人生畏的是怨妇，那一张拉长的脸足以熏黑一片晴朗的天空。还有一种女人比怨妇更可怕，那就是"完美女人"。完美女人符合主流社会的道德标准，知书达理、美丽整洁、任劳任怨、忍辱负重。不论多么优秀的男人在她面前都会相形见绌，显现出其粗俗、幼稚、自私的本质，她们以无可挑剔的品质令男人无地自容。完美女人不仅自己活得累，站在道德的制高点的她们也会给丈夫、孩子带来很大的压力。

真实的女人是有瑕疵、有弱点的，会懒惰、虚荣，也会撒娇、任性。"完美"不仅是对女人的摧残，对男人也是一种灾难。完美的道德标准作为一个参考尚可，女人大可不必以此为榜样，真实的女人远比完美的女人要可爱得多。

生活也一样，真实的生活也是有瑕疵的。指导人们科学地生活的书籍随处可见，告诉我们什么时辰该做什么事，每天该吃多少克维生素等等。它们就如"完美女人"，让我们发现自己的生活是多么的放纵和不健康。倘若它们真的控制了你的生活，那也会是一种灾难。

生活不是修行，除了追求健康长寿，还要追求快乐。如果每天吃自己不喜欢的健康食品，虽然身体健康了，或许心理会出现问题。科学的生活准则可以作为参考，不必按部就班。当然，多粗少精、多素少荤、食物多样化、多运动等符合自然规律的准则是要遵守的，但没必要每天计算卡路里、维生素。如果你喜欢吃肉，每天不要吃太多就好。如果你喜欢吃油炸食品，一周吃 2 次无害于身体。不过，一定要记住多吃就要多运动。

做一道很好吃的肉食"陈皮炸排骨"，陈皮的味道酸甜而不张扬，不喧宾夺主，与排骨是很好的搭配，能够提升排骨的美味。记得不要多吃哦。

陈皮炸排骨

妙手煮意

主料：猪排骨 300 克、陈皮 10 克

配料：生粉少许、面粉少许

调料：生抽、食用油各适量

煮妇私经验

油炸的时候注意火候，先中火炸熟，再大火炸酥。

做法

1 陈皮切成末，猪排骨切小块后用陈皮末、生抽腌半小时；

2 将淀粉和面粉按 1∶1 比例拌匀，将腌好的猪排骨裹上薄薄的一层混合粉；

3 锅里的油烧到六成热，放入猪排骨，用中火炸 5 分钟，再用大火炸 2 分钟即成。

脆皮土豆泥

外脆里嫩的魅力男人

网友点评

或许这世界上除了"纯粹"这个词，压根就没有简单纯粹的东西。就算是简单的只放土豆泥的脆皮土豆泥，因为做的人不同，味道和内涵也就不同了，就像男人，因为娶了不同的女人，女人便会赋予他不同的内涵。

——米粒儿王

对于男人的阐述很到位啊！力挺！

——听风楼主

大家都知道菜有好吃和不好吃之分，何谓好吃？好吃是好口味＋好口感，再加上嗅觉的参与而产生的感觉。

口味可分为甜、酸、苦、咸四种，其他味觉都是由这四种口味按不同比例组合而成的。虽然每个人的口味不同，但都公认的好口味不是单一的味道，而是多层次的、丰富的，比如酸中带甜、淡而不薄、鲜咸合一、咸中带辣等，像粤菜中的酱料，就是大厨们用多种调料精心调制而成味道多元的秘密武器。

舌头和口腔还有大量的触觉和温度感觉细胞，反映到大脑就是我们说的口感。好的口感也是复合的、丰富的，比如外脆里嫩、脆嫩爽滑、酥烂不腻等。再加上嗅觉的感受，就有了酸甜馥香、香嫩酥脆、香醇回甘等种种美味之词。

我们不难看出，好吃是一种丰富的复合感觉。当然，丰富并不是随意地把什么都加进去的大杂烩，而是多种口感和口味配合得恰到好处，有主次、分层次地让口腔得到全面的满足。有魅力的人和好吃的菜一样，也是丰富的，多面立体的。男人须侠骨配柔情才是英雄本色，女人要有七分月光还要带三分剑气。

何谓魅力男人呢？那就是既要有勇气、力量、意志、血性这样的阳刚之气，也要有温情、细腻的柔和之美。魅力男人是外脆里嫩的，而不是硬得咬都咬不动的老大粗。这道"脆皮土豆泥"，用春卷皮包土豆泥，外脆里嫩，香脆鲜糯，营养丰富，就如魅力男人。

脆皮土豆泥

妙手煮意

主料： 春卷皮 10 张、土豆 200 克

调料： 黑胡椒粉、盐、牛奶、食
用油各适量

做法

1 土豆带皮蒸熟，剥去皮，捣成土豆
泥，加入牛奶、黑胡椒粉、盐拌匀；

2 取一张春卷皮，放上土豆泥包起
来，放油锅里，用中大火炸 2～3
分钟即可。

煮妇私经验

土豆泥不要太稀。

茶香粉丝

闺密是女人一生的财富

有个心理学家说过，如果你有一个什么话都可以说的朋友，你这辈子就不用找心理医生了。女人之间的友谊与男人不同，闺密是无话不说的朋友，是可以分担你的痛苦、分享你的快乐的密友，是女人最好的心理医生。

女人的友谊没有肝胆相照、两肋插刀的气势，它是温暖的、琐碎的、细密的，是一杯热茶、一个拥抱、一句安慰、一件小饰品。女人的友谊是用岁月悉心编织的小背心，给人最贴心的呵护。但是女人的友谊总是不被人看好，鲜见歌颂女人友谊的文艺作品，大概是因为都是些琐事，也就是说说话、逛逛街、煲电话粥之类的活动，写不出感人肺腑的动人故事吧。

女人的友谊虽然都是一些微不足道的活动，如果持续几十年，也会具有滴水穿石的力量，那日积月累的点滴精神支持，会让女人内心更有力量，更加柔软、有韧性。一个不离不弃的闺密是女人一生的财富。

男人的友谊如酒，浓郁醇美，荡气回肠；女人的友谊是茶，香沁心脾，回味悠长。

茶不仅能品，亦能辅菜。这道"茶香粉丝"是用茶和粉丝做成的菜肴，色泽淡雅、口感嫩滑、茶香四溢、唇齿留香，就如女人的友谊。

网友点评

"女人的友谊是茶，香沁心脾，回味悠长。"很赞同你的说法，因为我就幸运地拥有这么一个好朋友。

——tasha78

每道菜都是那么好看还好吃，制作起来还很简单易学。呵呵，我把这道菜拿走了。

——阿紫

妙手煮意

主料： 粉丝 2 小扎、铁观音 5 克

配料： 枸杞子少许

调料： 盐、食用油各适量

煮妇私经验

没有铁观音，用其他茶叶也可以。
枸杞子是点缀的，可以不用。

茶香粉丝

做法

1 粉丝用热水泡软取出，茶叶用 100 毫升的开水泡 5 分钟；

2 将茶水倒入粉丝中（会被粉丝吸干），加盐、枸杞子拌匀后放入锅里蒸 6 分钟；

3 锅里放适量油，烧热后将火关小。把泡过的茶叶末放入油里炸 1 分钟，取出茶叶，将油倒入蒸好的粉丝中，拌匀即可。

第四章

煮妇聊生活

自然之美

无须雕琢

生活的智慧无处不在，美食中也蕴藏着生活的智慧。你会发现做个快乐的人并不难，做个巧主妇很简单，只要将普通食材重新组合、将调味品经常变化，餐桌就能常变常新。

剁椒皮蛋豆腐

艺术是对生活的热爱

说到艺术,我们很容易想到文字、绘画、诗歌、音乐、舞蹈、电影等可以表达美的形式。但艺术的形式不等于艺术。无病呻吟的诗歌不是艺术,是矫情。歌功颂德的文字不是艺术,是献媚。孩子被逼弹琴不是艺术,是摧残。艺术是发自内心的热爱,把对生活、对事物的热爱用美的形式表达出来。热恋中的人都是诗人,带着错别字的情诗一样感人至深,那是艺术。热爱美食的人可以用最普通的食材做出色香味俱全的佳肴,是艺术。在热爱生活的人手中,废弃物也可以变成美轮美奂的艺术品。

艺术不是艺术家的专利,并非高不可攀。艺术之美可以用任何形式表达。普通人只要有一颗热爱生活的心,生活处处都是艺术。美食的艺术也不是专属于厨师。膳食之美无须过分张扬,不需要高超的厨艺,也无须繁琐的工序,我们只要用心把食材稍作加工和装饰,就可以把餐桌变成艺术。人人都能做到。

做一道最简单的凉菜"剁椒皮蛋豆腐",豆腐口感细腻,但本身没有味道,用一些小菜拌豆腐吃起来可以更美味。这道菜很简单,我只是把食材摆得整齐一点,有点美感。如果能给你视觉的享受,也可以称之为艺术美食吧?你也可以试做这道成功百分比很高的艺术美食。

网友点评

可与五星级酒店的菜媲美。

——色仙丹

剁椒皮蛋豆腐

妙手煮意

主料： 豆腐 1 块

配料： 皮蛋 1 只、萝卜干少许、
　　　　香菜少许、剁椒酱少许

调料： 生抽适量

做法

1 将皮蛋、萝卜干、香菜切成末；

2 皮蛋末、萝卜干末、香菜末与剁椒
酱一起放在豆腐上，淋上生抽，吃
的时候拌匀即可。

煮妇私经验

豆腐上用的配料可按个人喜好选择。

蜂蜜排骨

菜谱中的潜规则

网友点评

　　中西文化的差异，在于所根植的土壤不同。西方人重规则，一板一眼做事如做菜，所以牛排都一个味；而中国人讲究"师傅领进门，修行靠个人"，说话做事不点破，一切靠你个人理解和悟性，尽量发挥个人的想象力和创造力，所以我们今天的菜系才有翻天覆地的改观。西方文化体系在机械工业时代达到顶峰，并得以衍生发展。一切按法律法规办，就是总统也一样。一直以来，中华文化体系延续着半封建半殖民地的思想，人情大于法，一切皆有可能。所以，归根结底中西文化的差异，还是感性与理性之间的差异。

　　——海底两万里

　　西方文化讲究规则，注重细节分析；中国文化重视经验，追求整体综合。比如西医看的是检验报告，中医讲的是"望、闻、问、切"。西医凭的是仪器的数据，中医靠的是医者的诊断。这点差异也反映在饮食上。西餐菜谱比较精确（如 500 克原料 200℃烘烤 10 分钟），不同的人按菜谱可以做出同样味道的菜；而中餐菜谱很玄乎（如翻炒片刻，加少许盐，用中火煮到七成熟），中餐做得好不好主要看厨师的经验和悟性，菜谱仅做参考。

　　中西方法律的差异也如中西餐的菜谱，西方的法律比较明确，而中国的法律可酌情处理之处很多。中国执法也跟做菜一样，法律是依据，但执法的效果还要考验法律工作者的智慧和良知。法治是规则，人治是潜规则。

　　潜规则只可意会不可量化，就如菜谱中的片刻、少许、中火、七成熟。片刻是多久？少许是几克？中火是几度？七成熟是什么样子？要根据不同的情况酌情处理，还要不断地总结经验。生活中的潜规则无处不在，得像做菜那样用心去摸索。

　　"蜂蜜排骨"是一道很美味的菜，要做出好吃的排骨光看菜谱是不够的，火候和时间的把握是需要经验和感觉的，下面的菜谱仅供大家做个参考吧。

蜂蜜排骨

妙手煮意

主料： 猪排骨 500 克

配料： 八角 4 个、姜 4 片、蒜头 5 瓣

调料： 蜂蜜、生抽、老抽、柠檬、食用
　　　　油各适量

煮妇私经验

蜂蜜和柠檬使这道菜的口味独特，没有
的话也可以用糖和醋替代。

做法

1 将猪排骨切成段，稍炸一下（约 2
分钟），沥去多余的油；

2 把姜和蒜放锅里爆出香味，放入猪
排骨，加生抽、少许老抽（调色）、
八角、开水（淹过肉），烧开后，
调小火煮到熟（骨肉分开）；

3 开盖，调到大火，加入适量（按口
味）蜂蜜和几滴柠檬，煮到汁变稠
（2～3 分钟）即可装盘。

培根蒸南瓜

真的学问是解决自己的问题

看来培根真的是很百搭，在家里冰箱中常备着，有时下班回来晚了或者很累，也能轻松做出美味啦！

——cindy

智慧来自生活，生活的积累创造新的智慧。培根与南瓜的组合有智慧！

——秋叶风情

"真的学问是解决自己的问题"——就这一句，对每个人就很管用了，谢谢煮妇。

——念青

在没有网络的时代，如果一个人像百科全书那样有问必知，就会被人称为博学的人。而在现代这个"有问题上网搜索"、信息共享的年代，网络成了最博学的老师，靠死记知识的"博学"不再是有学问的象征。

那么学问是什么呢？梁漱溟说过："学问是解决问题的，真的学问是解决自己的问题。"伟人的学问可以解决社会问题，像袁隆平的学问解决了中国的粮食问题。普通人的学问首先要解决自己的问题：我们要学习技能，解决生存问题；学习文化，解决精神出路问题；学习常识，让生活更有品质。如果一个人不能解决好自己的问题，没有基本的生存能力，不能够快乐地生活，就算他有满腹的知识也无益于社会。

知识是别人的智慧，而学问是将知识消化吸收变成自己的智慧，可以让生活更有质量。这就像吃东西，如果身体没有良好的消化系统，吃再多的食物也不会有强壮的体格。所以，重要的不是你吃了多少食物，而是你的消化吸收能力。

健全的精神、消化系统会让人更有智慧，而健康的胃则是强壮体格的基础。胃病三分治七分养，养胃不要总是依赖药物，健胃的食物就在你身边，如南瓜、山药、莲子、薏米等。这道"培根蒸南瓜"就是很好的健胃美食，制作很简单，而且美味可口。

在蒸好的南瓜上面撒上熟花生末和芝麻，不仅可以让菜更美观，坚果的口感还可以和南瓜的软烂配合，软硬相间，让口感的层次更丰富。

培根蒸南瓜

妙手煮意

主料：南瓜 200 克、培根 100 克

配料：花生末少许、芝麻少许

调料：盐少许

做法

1 南瓜切片，用少许盐腌一会；

2 培根切小片，一片南瓜一片培根叠在一起，蒸 6～7 分钟就可以了；

3 最后将花生末和芝麻炒香，撒在南瓜上即可食用。

煮妇私经验

培根本身有咸味，不要放太多盐；炒芝麻和花生末的时候不要放油。

粉丝蒸蛋

老了就从容了

有个年轻的朋友跟我说不喜欢自己的性格，做事总是那么冲动，每次都很后悔。我说，那你希望自己什么样？回答，像你这样。我说，我年轻的时候也在与浮躁、偏激做斗争，羞于自己不断制造的错误，努力追求宁静与从容。中年后体力下降了、思维缓慢了，想不从容都不行了。

其实，处事就像吃饭，牙好胃口好的时候就会控制不住地狼吞虎咽，吃相不雅。食欲差、咬不动的时候就会细嚼慢咽，优雅许多。

我觉得狼吞虎咽和细嚼慢咽都是自然的吃相，激情洋溢和淡定从容也都是生命的本真状态。都说平淡才是真，我觉得自然才是真。从容并非生命的最佳状态，没有精力的时候就从容了，不必刻意追求。就像无欲无求的高僧大都是老和尚，除了悟性高以外，我想大概也与身体衰老有关。

激情是生命力的象征，有能量就要让它有度地释放。有胃口就大口地吃，咬不动的时候再从容地吃一点容易消化的食物，就如这道"粉丝蒸蛋"。

蒸蛋里面加入粉丝你试过吗？口感不错！注意，蛋液中不能加太多水，干一点更好吃。

这道菜真的很有创意呢，而且又很平民大众化的感觉，很棒呀！蛋羹里加入粉丝，尝试一下！

——两小无嫌猜的笨笨

这道理真的很绝，同意！不过觉得激情在释放的过程中也应该有自律、自省，要不就容易走偏啦，呵呵！

——潇潇

妙手煮意

粉丝蒸蛋

主料：鸡蛋 2 个、粉丝 1 小扎

配料：虾米 10 克、葱末少许

调料：盐、鸡精、香油各适量

做法

1. 粉丝用开水泡软，切成 3 厘米长的小段，铺在浅碗中；

2. 鸡蛋搅匀，加入虾米，再加盐、鸡精和少许水，拌匀倒入碗中；

3. 像普通蒸蛋那样用中火蒸 7 ～ 8 分钟，最后撒上葱末、淋上香油即可。

煮妇私经验

　　加的水应比平时蒸蛋所加的水少一半，硬一点更好吃。锅盖稍打开一点，避免温度过高，这样蒸出来的蛋比较嫩。

浇汁菜心

自然之美无须雕琢

我刚想说,这菜真美。突然想,你不会把菜叶都扔掉吧?哈哈哈,因为我是很喜欢菜叶的人。

——wu 稽之谈

我觉得这个菜的根部很难清洗,所以每次都要拆开慢慢清洗,的确很像郁金香。

——大菜

真的很有心思,不但好吃,而且好看!只是那个菜心根部真的不太容易清洗干净啊!

——清雅

有个舞者,很为自己的技艺苦恼,感到自己再怎么苦练、表演也达不到一个理想的艺术境界。他向一个舞蹈家请教,跳舞的诀窍究竟是什么?舞蹈家说,当你不是刻意在表演的时候你就跳好了。艺术的诀窍就这么简单,因为艺术之美无须刻意渲染。

生命之美也同样无须炫耀。孩子的天真是美的,因为他们完全不知道自己正拥有一种叫做"童真"的迷人品质;而一些人故作天真,则会丑态百出,与美无缘。真正有学识、有涵养的人,举手投足之间都透出一种儒雅之美;而喜欢自吹自擂、凡事都发表一通高论的人,则暴露出自身的肤浅。深刻理解财富之美的人,哪怕家财万贯,也不会披金戴银,用暴发户的嘴脸来丢人现眼。总之,不论是品质、学识、财富或美丽,当它融入你的生命,如呼吸一般自然流露时,才会呈现其纯粹之美,令人羡慕。

自然之美与生俱来,也无须张扬。小鸟纵情歌唱,全然不知自己的歌喉多美妙;玫瑰自由地绽放,全无做作和矫情。

每种食材都具有天然之美,也无须精心雕琢。当萝卜被雕刻成孔雀时就丧失了萝卜的清纯甜美。又如青菜,只要把菜心切下来,它就宛如绿色的郁金香,无须任何雕刻。这道"浇汁菜心",不作任何修饰,于简单中见天然之美。

浇汁菜心

妙手煮意

主料：青菜 700 克

配料：肉末 50 克、辣椒少许

调料：盐、淀粉、鸡精、食用油
　　　　各适量

做法

1. 将菜心切下，洗净，辣椒切成末；
2. 沸水加盐，再加半勺油，倒入菜心汆 2 分钟捞起，竖起来放在盘子上；
3. 锅里放少许油，将肉末、辣椒翻炒片刻，加半碗水，再加盐和鸡精烧开；
4. 最后用稀淀粉水勾芡成稠汁，浇在菜心上即可。

煮妇私经验

可以直接清炒菜心，不过要记得把菜心立起来摆盘喔。

上汤萝卜丝

人生有节气 蔬菜有时令

人生有节气，每个季节都有属于自己的精彩：少年时张狂，青年时激情，中年时沉稳，老年时淡定。开花或是结果，都有特定的节气。少年老成如催熟的蔬菜，好看而无味。老来轻狂就像没有熟透的果实，青涩酸楚，让人难以下咽。

人生都将历经四季的交替，从春天的烂漫，到夏季的炽热，最后进入秋天的收获和冬天的沉静。生命就这样交替轮换，生生不息。

为人父母者，都不想自己的孩子在人生的旅途中受尽磨难，于是希望自己的生活经验和教训能够被孩子理解和接受，让他们少走弯路。但是如果孩子都和我们有着同样的思想，那么他们不就成了中年人了？每当与孩子的观念冲突时，我总会对自己说，孩子和我属于不同的节气，如果春天里结出秋季的果实，就会失去鲜花盛开的烂漫。

人生有节气，蔬菜有时令。每种蔬菜都有属于自己的季节，它们在餐桌上诗意地展现着四季的流转交替。

冬季是吃萝卜的好时节，冬季的萝卜不仅脆嫩多汁，而且多食有益健康。正如俗话所说，冬吃萝卜夏吃姜，不劳医生开药方。做一道冬季养生菜"上汤萝卜丝"，这是大酒店里常见的菜，用虾仁、松花蛋、火腿与萝卜一起煮，这么多美味的食材，要不好吃都难。这道菜做法并不复杂，在家里也可以做出大厨水准的美味萝卜菜。

网友点评

我也知道萝卜的营养，但苦于不太会做，只会生吃或者炖牛肉，今天又学到了一道好吃又健康的萝卜菜，感谢啦。

——宁静致远

这菜多丰富啊！皮蛋本是可以自成一菜的，虾仁也是，又是高汤又是火腿的，看着还清清爽爽的，一定不错。

——wu稽之谈

上汤萝卜丝

妙手煮意

主料：白萝卜 500 克、鲜虾仁 50 克、
    松花蛋 1 个、火腿片 50 克

配料：蒜瓣 6 个、芹菜少许

调料：盐、食用油各适量

煮妇私经验

没有火腿，汤的味道会稍逊一点。

做法

1 将白萝卜切成丝。锅中放水烧开，加少
    许盐和食用油，放萝卜丝稍汆后捞出
    装盘；

2 将火腿、虾仁、松花蛋切成小块，放开
    水中汆一下捞出备用。将芹菜洗净切
    粒，蒜瓣用油炸至金黄色待用（这一
    步不能省，美味在蒜头里）；

3 锅里放清水，烧开后放火腿、芹菜粒、
    蒜瓣煮 5 分钟，再加入虾仁、松花蛋、
    适量盐，煮开后浇在汆好的萝卜丝上
    即成。

香芋炒肉丁

知识是别人的智慧

做菜绝对是实践课，不管别人怎样说，也要自己亲自来做才知道怎么回事。不过这修正和实验的过程还是蛮快乐的，很有成就感，尤其听到在意的人说好吃的时候，菜就不仅仅是菜了。

——平凡jerry

讲得真是太有道理了。每次在你这里总能学到很多东西，不论是做菜还是教育孩子，或者其他任何方面。

——文文老妈

我常苦口婆心地对孩子说教，孩子回应："道理于丹比你讲得好，但我们还是喜欢易中天。"

生活阅历浅，孩子理解不了大人口中的生活道理，就如一个久病初愈的人对一个健康人说："健康很重要。"没有经历过切肤之痛的健康人即使点点头表示认同，但是两个人对健康的理解和重视程度也是不同的。

知识是别人的智慧，经过学习、体验、反思后悟出的道理才是自己的智慧。生命的精彩在于体验，在于期望和失望、成功和挫折、欣喜和沮丧、反思和觉悟。

父母的责任是避免孩子犯大错，但不要剥夺孩子体验生活的权力。倘若一个孩子循规蹈矩，从不犯错，那不一定是件好事情。没有错误的人生是苍白的。

实践出真知，做菜也一样。大家都知道做中餐需要准确掌握火候，光看菜谱是不够的，需要经历多次失败才能体会到火候怎么去掌控。比如炒肉丁，关键是要掌握好肉丁的滑油温度，如果油温过高，易造成粘连结团，使肉质干缩或生熟不匀；而油温过低，易造成脱浆，致使肉丁老化。因此，应将油温控制在四五成热为宜。当你能够掌握好火候的时候，你才有可能成为一个好煮妇。

香芋炒肉丁

妙手煮意

主料：猪瘦肉 150 克、芋头 150 克

配料：蒜 4 瓣、葱 2 根、辣椒 1 个

调料：食用油、盐、生抽、糖、胡椒粉、
淀粉各适量

煮妇私经验

肉丁下锅时油温不宜过热，五成热即
可。芋头也可以换成土豆。

做法

1 将猪瘦肉切成 1.5 厘米见方小粒，
用少许盐、胡椒粉拌匀，再用淀粉
抓匀；

2 芋头切成 1.5 厘米见方的小粒，放
油锅里用中火炸 2 分钟，装起备用；

3 油烧到五成热，下肉丁推散，加入
蒜头、辣椒煸香，再倒入芋头翻炒，
加生抽、糖炒 1 分钟，撒上葱花即
可起锅装盘。

酱爆双耳

时间是最好的良药

网友点评

用心地看了，未免要对号入座……仔细地想了想，我没有大病，也没有大错或大事，怎么活得如此苍白呢？纳闷儿。

——艳阳天土豆

大事可小，小事亦可成大事，在于心……凡食物者，无毒，即为净者，皆佳品。

——伊一

啥是大病？治不好的病叫大病。牙疼疼起来很要命吧，但它会好，它是小病，就跟失恋似的。生糖尿病的人看起来好好的，但疾病的苦痛只有自己心中清楚，而且还治不好，算大病，就像凑合的婚姻。

啥是大错？一生无法弥补的错误叫大错。无关痛痒的，或者亡羊补牢还来得及的，就叫小错。大错绝对不能犯，就像生命不能遇上绝症；小错可以不断，因为人是在错误中一步步走过来的。

啥是大事？永远无法淡忘的事叫大事。能够过去的，记忆里留不住痕迹的都是小事。大事是记录本上的稀客，因为人生是一趟渐行渐远的列车，眼前的景致都会随时间的流逝越变越小。曾经爱得轰轰烈烈的情人，随着时间的流逝也会形同陌路；曾经让人撕心裂肺的苦痛，也会被时间淡化成一道浅浅的疤痕。

对饮食而言，吃不饱是小事，吃了有毒的食物是大事。现如今，有毒的食物之多早已触目惊心，让人防不胜防，在此就不一一列举了。在吃啥都不放心的年代，经常食用解毒的食物可保持身体的抗毒能力。海带、木耳、绿豆、芦笋、花椰菜、茶、紫菜、大蒜等都具有较好的解毒效果。"酱爆双耳"就是一道有解毒功效的菜。

酱爆双耳

妙手煮意

主料： 黑木耳 50 克，银耳 50 克

配料： 蒜头 4 瓣

调料： 食用油、生抽、泰式甜辣酱（根据各人的口味也可以选用甜面酱、豆豉酱、排骨酱等，或者几种酱混合）各适量

做法

1 黑木耳、银耳用冷水泡 15 分钟；

2 锅里放适量油，下蒜头爆香，倒入黑木耳和银耳翻炒片刻，加入泰式甜辣酱、生抽，炒 3 分钟即可起锅装盘。

煮妇私经验

木耳宜用冷水泡发。

蛋清炒木耳

坚持靠的不仅是毅力

都说坚持靠的是毅力，我觉得坚持靠的不仅是目标和毅力，更重要的是能够在坚持中找到乐趣。比如，有的人不喜爱运动，为了减肥而去锻炼，一段时间不见效就放弃了。所以，选什么运动项目健身不重要，重要的是能从运动中找到乐趣，才能让人坚持下去。

工作中是否找到乐趣也是职业和事业的区别。事业无所谓大小，在于是否乐在其中。有乐趣的工作叫事业，没乐趣的工作叫职业。事业往往伴随一生，而职业总会经常变换。

做菜也一样。虽然美食总是充满温情和爱意，但每天坚持做菜，仅有爱意是不够的。因为当爱得不到期待的回报时便会委屈、伤心，才会有"我整天做饭给你吃，你还这样对我"之类的怨言。每天都要做菜，如果找不到乐趣就会变成负担。做菜成了负担，不仅做的人受罪，吃的人也不轻松，再难吃都得感激涕零。所以，找到做菜的乐趣比表达爱意更重要。

我读中学起就喜欢做菜，非常享受烹饪中的那份安宁和快乐。那么，做菜的乐趣在哪里呢？是成功的喜悦和变化带给人的惊喜。对仅具有初级厨艺的人来说，体验成功的喜悦尤为重要。有些初学者喜欢照着菜谱做一些传统的美食，但有些菜制作过程复杂，不容易做好。建议初学者要选择容易做的菜，如原料少、过程简单的菜。这道"蛋清炒木耳"做法简单，适合初学者。

蛋清炒木耳

妙手煮意

主料：鸡蛋 2 个、黑木耳（干）10 克

配料：蒜 3 瓣、葱 2 根

调料：食用油、盐各适量

做法

1 干黑木耳用冷水泡 15 分钟。鸡蛋取蛋清，搅匀；

2 锅里放适量油，烧到七八成热，关火，马上下蛋清快速翻炒，装盘备用；

3 蒜末放入锅里爆出香味，下黑木耳翻炒 2 分钟，加盐，倒入炒好的蛋清，撒上葱花即可起锅装盘。

煮妇私经验

教大家一个炒嫩鸡蛋的方法：油烧到八成热，关火，下蛋液翻炒，这样炒出的鸡蛋非常嫩，做这道菜时你可以试试。

薄荷鱼卷

食物之美妙不可言

网友点评

煮妇的最大乐趣就是品尝人全神贯注地细细品味之后一个出其不意的惊呼："嗯，太好吃了。"

——米粒儿王

薄荷与鱼肉在一起食用，相当对味儿了，去腥又清爽，好菜！

——嘟嘟小花牛

"形容艺术作品之美一个词就够了——妙不可言，形容美食外加一个词——垂涎欲滴。"说得太好了！

——山林童话

冯亦代先生说他喜欢听音乐，但不懂音乐，爱听却不懂它的家谱与世系。我也喜欢听音乐，但我记不住作曲家、演奏者的名字，不知道音乐的创作背景和配器，也无法用言语表达音乐的内涵，但不影响我感受音乐的旋律之美。我觉得欣赏艺术该用知觉和心灵去感受，它不是数学，没有标准答案，愉悦身心就好。

美食也是艺术，是用人的全部知觉（味觉、嗅觉、视觉、触觉、听觉）和心灵去感受的艺术。比如吃羊肉的时候，你可以品味羊肉略带膻味的鲜美，也可以浮想一望无际的风吹草低。品尝鱼的时候，有人专注于齿颊间的鲜嫩感觉，也有人联想到春天少妇的丰腴。这就是懂美食了，你不需要去研究它为什么好吃？用了哪些调料？属于什么菜系？厨师长什么模样？

写美食最让我伤脑筋的是要找到一些词来形容菜的好吃，像外脆里嫩、酸甜馥香、香嫩酥脆、香醇回甘等等。我觉得美食和所有艺术一样，它本身就是美的一种表现形式，无须言语的赘述。形容艺术作品之美一个词就够了——妙不可言，形容美食外加一个词——垂涎欲滴。至于其中之美，那是需要用全部的知觉去品味的。

用清香宜人的薄荷叶做一道如音乐般妙不可言的菜"薄荷鱼卷"。薄荷是一种常见的香料，可以去除鱼腥味，与鱼是绝好的搭配。用薄荷做的鱼卷香气宜人。如果你用心品尝，就能感受到薄荷的香气像华尔兹一样，翩翩地，在口腔里一圈圈地荡漾开来……

这道菜很简单，主要是要找到薄荷叶，可到花卉市场买一盆食用薄荷，价格与一把蔬菜差不多，既可以美化环境，也可以经常品尝到薄荷的美味。

薄荷鱼卷

妙手煮意

主料：无骨鱼肉 150 克、春卷皮 15 片

配料：薄荷叶 15 片

调料：盐、食用油各适量

煮妇私经验

鱼肉很容易熟，炸春卷的时间不要太长，外皮酥脆即可。

做法

1 把鱼肉切成长条，用盐、少许油腌 20 分钟；

2 把一片薄荷叶和一块鱼肉包在春卷皮里；

3 把春卷放油锅里炸到外皮酥脆，炸完后装盘即可。

剁椒培根蒸冬瓜

保持清淡口味 享受人间美味

网友点评

老公经常对我说，平平淡淡就是真。可我就是不消停，爱吃辣，可能我真的太浮躁了。谢谢煮妇！

——小瓶子

一个人要是败家，人们通常会评价他只懂得"吃、喝、嫖、赌"。不知算是时代的进步抑或悲哀，现在败家的行当要再添一项"毒"。"吃、喝、嫖、赌、毒"，刺激强度由低到高，刺激越高，越能说明人的精神世界空虚，生存缺乏意义。

这是为什么呢？因为在一般意义上来说，喜好高刺激的人不会对低刺激的活动有兴趣。毒瘾带给人的刺激最大，吸毒者大多丧失了体验人世间乐趣的能力，生活没有目标，成为一具只会呼吸的行尸走肉。好赌者的快乐全在输赢之间，赌起来就昏天黑地，浑然忘了身外世界。好嫖者沉溺声色，淘空了身体也在所不惜。至于嗜酒者，则会纵饮无度，杯中物成了他人生最大的乐趣。

相对来说，"吃瘾"是最轻微最安全的，实在不配与"毒"相提并论。好吃者偶尔尝几口美酒、偷一次情、赢一把，就可以兴奋好几天，也就不难理解，喜欢美食的人大都对生活充满热情和好奇。所以，保持低刺激的喜好，方能享受更多生活乐趣，生活得更有意义。

食物的"甜、咸、酸、辣"对味觉的刺激也是由低到高。为什么辣能够在全国蔓延呢？就是因为辣的刺激强度高，辣总会带给人兴奋，口味淡的也就容易被口味重的所同化，就像人面对刺激和诱惑时，难以保持生活的本色。

虽然辣带给人刺激，但喜欢吃辣的人却难以品出淡味之间的差别，感觉不够味；而口味清淡的人偶尔辣一口、酸一杯，定会让味觉兴奋好一阵子。所以，保持清淡口味，方可享受更多人间美味。

对于口味清淡的人，这道"剁椒培根蒸冬瓜"就算给味蕾一点小小的刺激吧。剁椒让味蕾兴奋，食材中培根的加入则能够让冬瓜更美味。

剁椒培根蒸冬瓜

妙手煮意

主料：冬瓜 200 克、培根 50 克

调料：盐、食用油、剁椒各适量

煮妇私经验

冬瓜片不要切得太薄。

做法

1 冬瓜切成片，用少许盐腌 15 分钟，沥去水分；

2 把剁椒、培根洗净切碎，用油炒过，铺在冬瓜片上；

3 将上面铺有培根和剁椒粒的冬瓜蒸 8 分钟左右，即可食用。

绿芥鸡翅

死去活来的刺激

福州永泰县有一个73米高的蹦极台,我去跳了一次。朋友问我是不是跳下去的时候最刺激。其实蹦极最刺激的不在于跳下去那会儿,坠落的失重感是可预知的,而是在于下去以后被弹起来的那一刻,超出你的想象,还会弹几下,每次弹多高都是不可预知的。所以,刺激的首要元素就是超出想象而达到感官的极限。刺激的另一个元素是你知道它是基本安全的。蹦极的刺激在于身上绑着安全带,否则就不是刺激了,是恐惧和绝望。

简单地说,最强刺激就是"死去活来"的感觉,觉得自己达到了欲死的感官极限,但你知道死不了,还会活过来。比如蹦极、做爱、醉酒、嗜辣。

食物的最高刺激就是辣。"辣"不属于味觉,是辣椒素对口腔神经的刺激。除了人,没有任何一种哺乳动物喜欢吃辣椒。人类对辣椒的喜好是一种对极端刺激的特殊癖好。有人这样描述"辣":辣得想去死。我觉得这是辣的最高境界。当然,肯定是死不了的,这种险境逃生的极度愉悦也就是嗜辣族喜欢吃辣的原因之一。

要说刺激,芥末一定是排在第一。它不像辣椒那样给人红火的视觉刺激,而是不动声色地让人泪流满面、辣得要死的感觉。我们就用芥末做一道刺激的菜,体验一番死去活来的味觉刺激吧。

芥末是芥菜的成熟种子碾磨成的一种辣味调料。芥末的辣味十分独特,具有催泪的强烈刺激性,可刺激唾液和胃液的分泌,有开胃之功,能增强人的食欲。芥末还具有很高的解毒功能,生食三文鱼等生鲜食品经常会配上芥末。这道"绿芥鸡翅"是用芥末煮鸡翅,口味独特。芥末放多少看每个人的承受力。

网友点评

刺激就是"死去活来",精辟!
——老地主

你胆子倒是蛮大的,敢蹦极啊!"死去活来"那段好,哈哈。
——玫瑰公主

绿芥鸡翅

妙手煮意

主料： 鸡中翅 500 克

配料： 葱 2 根、姜片 4 片

调料： 芥末、盐、料酒各适量

煮妇私经验

鸡翅煮好放冰水中是为了让鸡翅的口感更好，也可以省去这一步。

做法

1 鸡中翅切成小块，葱捣成泥；

2 将鸡翅放入锅里，加一大碗清水，烧开，去掉血沫，加入盐、料酒、姜片，加盖小火煮 12 分钟；

3 鸡翅捞起，放入冰水中置 3 分钟捞出，装盘；

4 锅里留下小半碗煮鸡翅的汤，关火，加入盐、葱泥，最后加入芥末，搅匀后浇在鸡翅上即可食用。

清炒三蔬

肉身的享受是有限的

饭局间觥筹交错，人人尽情享用醇酒美食。但席间的一个人只吃黄瓜，前后共吃了三碟，其他东西一概不吃。后来听朋友说此人是个千万富翁，什么都享受过，什么都吃过了。乐极生悲，身体垮了，医生说他现在最好吃黄瓜一类清淡的东西。

还有个朋友，特别爱吃动物内脏，结果40岁时胆固醇就偏高了。大家开玩笑说，你把一辈子的动物内脏都吃完了，以后不能再吃了。

不论披着多么华贵的外衣，人都不过区区几十公斤的肉身，消受不了太多的富贵。现在糖尿病、脂肪肝、高血压、高血脂这样的富贵病越来越流行，就是因为吃得太多、太好了。营养过剩导致的富贵病不仅影响健康，也会剥夺人们享受美食的权利。因为有了富贵病以后，如果还想多活几年，就要对美食忍痛割爱了。

奢侈无极限，欲望无止境，而身体的享受却是有定数的。多吃多占的食物，注定会在以后被扣除。所以，色要悠着点，食也要有节制。

食要节制不是节食，而是合理地安排饮食，多吃健康素食。"清炒三蔬"就是一道清淡美味的素食，用洋葱、西芹、豆芽作原料，美味又健康。

一切都是有定数的，透支就会遭到报复，所以凡事都应该悠着点。

——老地主

富贵是享受还是累赘，完全看各人。色是享受还是刀，也完全看各人。关键还得有淡定从容的心态，学会珍惜，学会享受。

——大菜

清炒三蔬

妙手煮意

主料： 西芹 150 克、豆芽 150 克、
洋葱 100 克

调料： 食用油、盐各适量

煮妇私经验

这道菜不要用太多的油。

做法

1 将西芹、洋葱洗净，切成细丝；

2 锅里放入适量油，先放入洋葱炒出
香味，再加入西芹、豆芽，加盐，
大火翻炒 2 分钟就可以装盘了。

鲜虾山药羹

有妈妈的地方才是家

"父亲是梁，母亲是墙"。没有梁的房子还可避风遮雨，没有墙就不能称之为房子了。有母亲的地方才是家。我很幸运，因为我有个坚强、睿智、乐观的妈妈，永远为我们挡风遮雨的妈妈。

非常感谢妈妈，是她令我对美食产生了兴趣，有了对生活永不言弃的热爱。

在物质匮乏的年代，妈妈总能用有限的食材做出无限的美食，让我从小感受到烹饪的美妙。有个多年没有联系的同学从国外打电话给我，首先说起的就是小时候在我家吃的妈妈做的一种小吃，可以想象妈妈的厨艺有多好。

妈妈教给我的不只是厨艺，更有积极的生活态度。妈妈身体一直不太好，但是非常乐观，不论遇到什么事情都积极地去解决，不逃避、不退缩。她说，比起疾病的痛苦，没有什么事情是不能忍受的。妈妈现在已年过花甲，仍坚持在老年大学的烹调班学完了两年，并拿到毕业证书。同时她还在老年大学的园艺班学习了一年，我家的阳台上常年盛开着妈妈培植的鲜花。

飘满花香和饭香的地方才是家，有妈妈在的地方才是家。妈妈不只给了我们花香和饭香，更是我们姐妹的精神支柱。姐姐妹妹定居国外很多年了，不论遇到大事小事，都会打电话跟妈妈倾诉。在妈妈这里永远没有大不了的事，永远没有过不去的坎，她的智慧、乐观和豁达是上天给予我们最大的财富。

"鲜虾山药羹"是我为妈妈做的一道菜，山药、蔬菜、虾仁作原料，营养丰富、易消化，非常适合老年人食用。你也可以试着给家里老人做这道菜。

网友点评

自然界的一天里有两段时光是最美好的，一是朝霞漫天的早晨，一是夕阳如火的傍晚。人生也如此，童年和晚年都是最灿烂的风景。

——老地主

鲜虾山药羹

妙手煮意

原料：鲜虾仁 150 克、山药 150 克、高汤 1 碗

配料：玉米 50 克、青豆 50 克、胡萝卜 50 克（可以买超市里袋装的杂蔬）

调料：盐、淀粉、淡奶各适量

做法

1 将虾仁切小段，用温开水烫过，去腥味。胡萝卜洗净切粒，山药去皮洗净，切小粒；

2 把玉米、青豆、胡萝卜、山药入锅，加高汤、盐煮 15 分钟，再加入虾仁煮 2 分钟，加入淡奶，用水淀粉勾芡，即可起锅装盘。

煮妇私经验

没有淡奶也可以用普通牛奶，口味会差一些。

柚子拌牡蛎

做菜的最高境界——无招

我做饭已经到第三个境界啦！想咋整就咋整，哈哈！

——睿仪和肉肉

原以为做菜的最高境界是无铲（无锅铲），好比剑术的最高境界是无剑……哈哈。

——留美坐家

任何事物都有它独特的极致层次，但只要达到炉火纯青的地步，无一不是以"无招胜有招"的形式呈现。

行善的最高境界——无名：只求内心的安宁。

生活的最高境界——无拘：任心所欲的自由。

剑术的最高境界——无剑：不武而屈人之兵。

做菜的最高境界——无谱：随意烹制皆美味。

不想当元帅的士兵不是好士兵，即使是普通煮妇，也对做菜的最高境界心向往之。不过，做家常菜想要挥洒自如，也要经过重重的修炼。

第一境界照着菜谱做菜。刚入门的菜鸟，往往喜欢在众多的菜谱里找来找去，但不是原料不齐全便是做法太复杂。好不容易找到适合的菜谱，做出来的菜全不是图片上的模样。

登堂入室后，到了第二境界，可以不照搬菜谱，做菜有自己的套路，但不擅变化。有句笑话：如果我把一道菜吃光了，那么这道菜会在我家的餐桌上连续出现一周。这个笑话很冷，就是指煮妇们会做菜，但还不懂得灵活运用。

第三境界无须菜谱，不限于食材，随心所欲，普通原料随意搭配出美味佳肴。

由于家常菜做法比较简单，所以需要在原料上变化搭配。不妨尝试着多变换一下，餐桌就会常变常新，多姿多彩。

"柚子拌牡蛎"就是一道随意搭配原料的菜，凉拌牡蛎的做法很特别，酸甜的口味也很特殊。这道菜不仅口味很不错，营养也丰富。

柚子拌牡蛎

妙手煮意

主料：牡蛎 300 克、柚子肉 100 克

配料：葱、红辣椒各适量

调料：胡椒粉（或者芥末）、蒸鱼豉
油各适量

做法

1 将葱、红辣椒、柚子肉切碎，放在
碗里，加入胡椒粉（或芥末）、蒸
鱼豉油；

2 锅里水烧开，放入牡蛎，用大火煮
熟（2～3分钟），捞起，放入装
调料的碗里，拌匀即可食用。

煮妇私经验

蒸鱼豉油是凉拌菜的好调料。

第五章

煮妇话养生
身体是至高
无上的主人

吃得健康已成为都市人的生活追求。时尚养生讲的是简单、健康、美味，让厨艺欠佳的你也能用最简单的方法做出健康又不乏美味的餐点，省时又省力。

薏米冬瓜老鸭汤

身体是至高无上的主人

网友点评

连冥想都变得奢侈起来了，看得出来，我们的生活节奏是快！我也要多关爱自己的身体才行，不能总是有伤病。

——榕树下

一直很喜欢你的文字，简约而优美。美食让人垂涎欲滴！

——心明妙现

打禅坐下，聆听博主的禅意。好身体是保养出来的，吃要讲究。真心关爱自己的身体，来一碗鸭汤，体会身体的舒畅，谢谢博主啦。

——坐家煮妇

水疗、按摩、瑜伽、冥想……这样对身体的关爱往往让人觉得很奢侈。比起工作或为别人付出，取悦身体总会让人感到不安和羞耻。如果你在今天还持有这样的感受，那就错了。

我们习惯于把身体当做劳作的仆人，用来创造价值，过度使用而疏于呵护。但心理学家说，"身体是我们至高无上的主人"，要给身体以应有的关爱。因为身体不仅关乎健康和美丽，更与快乐、幸福息息相关。在身体自然地放松畅快时，感官和心灵都会随之释放压力，让人重新找回自我的价值。

"没有时间"是逃避关爱身体的最常见理由。事实上，关爱身体需要的只是观念的改变。每周只需给自己腾出 2 小时，慢跑或瑜伽；面膜或按摩；把身体裹在毛毯里看本书或电影；甚至无所事事地静静坐着或躺着，让身心在舒放中安憩。

接受并学会关爱身体能带给人自爱和自信，生活也会随之改变。谁都可以做到，只要你愿意。在干燥的秋冬季里，我们需要改善饮食，让身体得以滋润。

秋季应多食用豆浆、炖菜、稀粥等，还可以多吃些梨子、苹果、西瓜、桃子等水果，及萝卜、百合、豆腐、莲藕、蜂蜜等润肺生津、养阴润燥的食物。秋季女性的皮肤特别干燥，也可以通过喝鸭汤进补。有空不妨做一道适合秋季的靓汤"薏米冬瓜老鸭汤"，薏米去湿，冬瓜减肥，很适合女性食用。

薏米冬瓜老鸭汤

妙手煮意

主料：老鸭 500 克、薏米 50 克、
　　　莲子 50 克、冬瓜 200 克

配料：生姜 3 片

调料：盐适量

做法

1 老鸭切小块，用沸水汆一下。薏米、莲子洗净，冬瓜连皮切成大块；

2 将所有原料放入汤煲里，加入开水和姜片，小火煲 80 分钟。起锅前 10 分钟加盐调味即可。

煮妇私经验

煲汤前鸭子用沸水汆过，煲出来的汤才会比较清新爽口。

XO酱炒杂蔬

养生不是炼丹

现在养生书籍多如牛毛，养生妙方层出不穷。有的说吃土豆增肥，有的说减肥，还都有科学依据。有的说鸡蛋黄是不可缺少的营养品，有的说会增高胆固醇。今天说这个食物对健康有益，过一段时间又变成致癌物。互相矛盾的健康知识已经多得让人莫衷一是，无所适从。

高斯说："所知愈少，认识愈明确；所知愈多，越发困惑。"健康的饮食不应该迷信所谓的研究结果，掌握大原则就好。因为这些结果随着认知的发展是会改变的，而且食物不是药物，人体差异也很大。所以，我们不必迷信某种食物，也不必迷信神奇的养生妙方。把几种食物配成什么汁，在某个时辰喝下，我觉得这不是生活，是炼丹。

养生是一种理念，不要迷信某种食物。健康是没有捷径的，多素少荤、营养均衡才是科学的养生之道。那么如何做到营养均衡呢？单身贵族或小家庭一天不可能做太多道菜，我觉得多种食物同煮应该是健康美食的发展趋势。你可以多买一些品种的食物放冰箱里，每天各取一些做菜即可。

虽然关于健康的书籍各有妙招，但都提倡多吃蔬菜，只是它们并没有告诉大家怎么把健康食物做得好吃。清水白煮蔬菜很健康，谁吃得下？我建议大家每天做一道素菜杂炒，用自己喜欢的调料煮，如鲍鱼汁、辣椒、排骨酱等，这样就能做到既营养又美味。

做一道美味的素炒"XO酱炒杂蔬"，XO酱是粤菜中的一种调味料，采用数种较名贵的材料瑶柱、虾米、金华火腿等研制而成，口感柔韧，鲜，微辣，不论炒菜、炒饭，如果加点XO酱的话，立刻会让本是简单的家常味道有了画龙点睛的非凡效果。

网友点评

喜欢睿智的文字，配以赏心悦目的菜，生活就该如此吧。

——玩转水晶球

XO 酱炒杂蔬

妙手煮意

主料：山药 100 克、甜豆 100 克、
　　　胡萝卜 100 克、黑木耳
　　　100 克

调料：盐、食用油、XO 酱各适量

做法

1 山药、胡萝卜洗净切薄片，黑木耳
用温水泡软，甜豆洗净去头尾；

2 锅里油烧到七成热，放入山药、甜
豆、胡萝卜、黑木耳翻炒，加入盐、
XO 酱炒 3 ～ 4 分钟即可装盘。

煮妇私经验

可以选用其他素菜，但选用的食
材易熟度要接近。

基因养生
培根炒双笋

芦笋加竹笋好健康啊，再用培根调味，美味！美味！

——潘猫猫

基因养生很靠谱的方法，因为有的人喝口凉水都发福，有的人大吃就不胖。

——米粒儿王

我们去医院看病时，医生可能首先要问你家族病史，因为基因是决定健康最重要的因素。最近看到一个新名词叫"基因养生"，就是按家族的健康状况来调整自己的饮食，比如父母有糖尿病的，自己就应该少吃脂肪和糖类，保持身体不超重；父母有高血压的，要注意不要吃太咸；家族有心血管疾病的，要吃清淡一些，多吃蔬菜，我觉得挺有道理的。营养专家的饮食标准并不适合所有人，人与人之间的差异很多，老年人、中年人、青年人就不能吃得一样多，运动员和宅男宅女也不能采用同样的食谱。

有的人大吃大喝都不会发胖，有的人节制饮食却还是容易发胖，这是身体的代谢功能决定的。那么，容易胖是好基因还是坏基因呢？在食物匮乏的年代，身体能够囤积脂肪是好基因，有能量抵御随时发生的饥荒。在食物充足的年代，容易发胖就不是好基因了。我们无法选择基因，但可以选择生活方式。如果你带有容易发胖的基因，又很幸运地没有生在埃塞俄比亚，那就要注意自己的饮食结构了。

口腹之欲是快乐之源，在食物充足的时候难免大吃大喝超出身体的需求。在以瘦为美的审美标准下，胖瘦不止关乎健康，也与美丽、节制相关。不论胖瘦，减肥都是受到关注的热门话题，也是有着胖基因的人的心头之痛。减肥并不需要一味地节食、完全吃素，而是要多吃减脂的食品，同时保持营养的均衡。竹笋、绿豆芽、黄瓜、番茄、柿子椒、芹菜、芦笋、冬瓜、竹荪等食物都是减肥食品，但它们本身都没什么味道，要把这些减肥食品做得好吃，才能够做到健康、快乐两不误。

做一道简单又美味的减肥菜"培根炒双笋"，双笋是竹笋和芦笋，都是减肥食物，培根的口味很不错，再加上一点花生，增加香味，也让口感更丰富。培根是肉制品，大超市都有卖，在这道菜中是用来调味的，不影响减肥。

培根炒双笋

妙手煮意

主料：芦笋 200 克、竹笋 200 克、
　　　　培根 100 克

配料：熟花生 30 粒

调料：盐适量

做法

1　芦笋和竹笋洗净切成段，培根切成
　　小块；

2　锅里放一点油，放入培根煎出香味，
　　再倒入芦笋、竹笋、花生，加盐翻
　　炒 3 分钟即可装盘。

煮妇私经验

培根是用来调味的，怕胖的可以
不吃。

紫菜蛋汤

奢华是回归自然的必经之路

曾经和身边的朋友激烈地探讨过这个问题，对于国人现今的暴发心理应该给予足够的理解，而后是媒体很好地引导，就像你对一个正等着钱去看病或者等着钱给孩子交学费或者等着钱要结婚的人说钱不重要，是很滑稽的一样，只有对拥有了一定的资金贮备，而且经历了很多风雨的人说，钱不重要，才会得到共鸣。

——米粒儿王

当中国正在大力发展大排量汽车的时候，发达国家已经看到了汽车的负面影响，开始使用公共交通工具和骑自行车了。有人提出："为什么我们还要重复别人的错误？"我觉得重复这样的错误是必然的。虽然汽车对环境的破坏毋庸置疑，开汽车也无任何健身效果；虽然骑自行车健身又环保，但自行车留给我们的是贫穷的记忆，让没有开过汽车的人把骑自行车当成一件乐事的确有点牵强附会。只有当人们充分体验了汽车带来的舒适和虚荣后，才有可能开始重视个人的健康和地球的健康。追求奢华是回归自然的必经之路。

国人的饮食也一样经历了从简朴到奢华，再回归健康的历程。现在的饮食结构其实跟 20 世纪六七十年代很相近，只是那时很少有肉吃，被动吃素食。现在是有肉不吃，主动吃素食。所以，只有当人们吃够了美味的荤食，并且大吃大喝不再令人羡慕的时候，才会重新回归健康的饮食习惯。

健康的菜大都做法简单。有个名厨说过："最简单的菜是最难做的"。普通的原料、简单的工序更能考量厨师的水准。这就如武功，武器锋利虽有力量，但并非武功高强，摘花飞叶亦可伤人才是真高人。极尽奢华需要技艺，返璞归真更需要功力。做一道最简单的传统家常菜"紫菜蛋汤"，算是返璞归真，但不是简单的重复，做法稍有不同，就是把紫菜和蛋液搅在一起，一勺勺地下锅。这样做出来的紫菜蛋汤口感、口味会更好一些，你可以试试。

紫菜蛋汤

妙手煮意

主料：鸡蛋 1 个、紫菜少许

配料：姜 3 片、葱少许、蒜 5 瓣、辣椒 1 个、洋葱 1 小个

调料：盐、胡椒粉、香油各适量

煮妇私经验

做高汤的配料可任意选择家里现成的。

做法

1　先做高汤。锅里放少许油，放入姜、蒜、辣椒、洋葱等各种香料爆出香味，加水、加盐烧 10 分钟，捞出原料，高汤就做好了；

2　鸡蛋液打匀，将紫菜撕碎，泡在蛋液里，把沾有蛋液的紫菜一团、一团地夹到锅中高汤里，加入胡椒粉、香油、葱花就可以起锅食用了。

柠檬土豆丝

饮食新时尚——轻食主义

大腹便便不再是成功人士的标志，大吃大喝也不会让人羡慕了，"轻食主义"正逐渐成为饮食的新潮流。轻食不是素食，是一种讲究清淡、自然、少量的饮食概念。

轻食的烹制特点表现在选料、加工和调味上。在膳食的制作过程中追求简单便捷，选用自然、健康、营养均衡的新鲜食材，少用煎、腌、熏、炸、烤的做法，多采用蒸、煮、拌、炒等方式烹制。调味品也以清淡为主，具有低盐、低糖、低热量的特点。

轻食主义除了对身体健康有益之外，还有两个好处：一是可以在紧张的生活环境下，以便利的方式获得膳食；二是使厨艺欠佳的人也可以做出清新健康又不乏美味的餐点。

或许有朋友会觉得"轻食"不够味不够香。我觉得现在外出就餐的机会也不少，在外就餐可以刺激一下味蕾，家常菜还是要以"轻食"为主，既健康又省时省力。

轻食并不等于无味，而是合理搭配食材，善于使用调味品。比如，大家都喜欢在炒土豆时加点醋，我们就可以变化一下，将醋改成柠檬，既有酸味又带清香，就如这道"柠檬土豆丝"。

网友点评

清清淡淡的东西是越吃越能回味的，真好，看着就很舒心，吃着肯定心情更好。

——烧茄子

赞同轻食理念，呵呵，淡口味更能享受到食材天然的滋味。

——wu 稽之谈

柠檬土豆丝

妙手煮意

主料：土豆 300 克

配料：柠檬 2 片

调料：盐适量

煮妇私经验

炒土豆丝前要洗去淀粉才不会糊。

做法

1 土豆切成丝，用清水洗去淀粉；

2 油烧到七成热，倒入土豆丝和柠檬片，加盐翻炒 2 分钟即可装盘。

孜然肉末炒花椰菜

红颜不老的秘诀

三条里面貌似就一条勉强够格,资深美人怕是没希望啊……孜然炒花椰菜,一定特别美味啊,下回试试。

——留美坐家

苍老是由内向外腐蚀的,人老心不老才行。

——淡如清风

搁点辣椒面就更好了,很像那种烧烤的花椰菜!

——大菜

以前的女人比较不幸,即使风韵犹存也被称为"半老徐娘"。现在怕老的女人可以免去这层担忧,中年快要结束还可以号称"资深美女",以示其红颜不老,芳华常驻。

红颜不老是每个女人的梦想。那么,怎么才能让岁月不留痕呢?张爱玲说,驻颜有术的女人必定有三点条件:一是身体相当好;二是生活很安定;三是心里不安定。

苍老是由内向外腐蚀的,红颜不老定要内修外养。健康的身体、安逸的生活均不可或缺。心里更要不安分,要保持孩童般的幻想和好奇,那样对生活的热忱就不会枯竭,对美的追求也不会停止。最最少不了的,还要保持对爱情的幻想,但无须把幻想变成现实,看看爱情小说、爱情电视剧即可。因为兑现爱情会让生活变得不安定,万般思虑、千种忧愁接踵而来,衰老也就不远了。

梦想不灭,红颜不老。摄生和保养也是非常重要的,不然安定的生活要来做什么呢?在抗衰老的食物中,十字花科的蔬菜名列前茅,如西蓝花、花椰菜等,爱美的女孩应该多吃花椰菜。

这道"孜然肉末炒花椰菜"与日常炒花椰菜的做法一样,只是加了肉末、胡萝卜和孜然粉,别有一番风味。

孜然肉末炒花椰菜

妙手煮意

主料：花椰菜 500 克、肉末 50 克

配料：胡萝卜、葱各少许

调料：孜然粉、盐、食用油各适量

做法

1　花椰菜切小块，放沸水里余 2 分钟捞起，胡萝卜切成丁；

2　锅里放入油，倒入肉末炒散；放花椰菜、胡萝卜，再加盐快炒 2 分钟，起锅前撒入孜然粉和葱花即可。

煮妇私经验

花椰菜要快炒，不然花椰菜的营养成分就会大量流失了。

孜然土豆粒

孩子为什么爱吃垃圾食品

孜然和土豆天生就是一对。

——睡眼惺忪

广告的作用力实在大，连成年人有时都无法抵制，更别说小孩子们了。

——米粒儿王

能把土豆以如此简单的手法做到极致，堪称高手。嗯……我已经闻到香味了。

——龙哥阿特

为什么孩子都喜欢吃饮料、饼干、膨化食品、汉堡之类的垃圾食品呢？我觉得主要有两个方面的原因，一是好吃、方便，因为甜味和脂肪能够带给味蕾最多的快感。另一个重要原因是文化的影响，特别是铺天盖地的广告。

注意观察一下电视广告你就会发现，药品广告一般都是演员拍的。演员就是演戏的，所以药品总给人假药的感觉；而食品的商家显然要精明得多，食品，特别是垃圾食品的广告都是请著名的运动员做的。广告带给人们的信息是：喝饮料、吃饼干、吃膨化食品等，可以让你变得强壮、健康、有力量。而事实是这些垃圾食品含有大量的反式脂肪酸，大量摄入后容易导致心血管疾病。

心血管疾病不是老年时候才突然出现的，而是几十年日积月累的结果。大家都知道美国孩子吃垃圾食品比较多，在伊拉克战争中，解剖阵亡士兵的尸体发现，他们的血管壁上已经开始堆积脂肪。如果从小就开始吃大量的垃圾食品，那么，中老年时患心血管疾病的概率会大大提高。

如果把垃圾食品的广告内容改成动脉搭桥手术，恐怕就没人敢吃了。所以，我们应该清醒地意识到文化对饮食的影响，而不是食物本身有多好吃。

孩子比成年人更喜欢垃圾食品，因为他们是从小看这些广告长大的。我儿子的同学到我家吃饭，我准备的荤菜他们都会吃得干净，但总是把蔬菜剩下，因为他们没看过新鲜蔬菜的广告。很多孩子不喜欢吃蔬菜，但是蔬菜又是健康不可或缺的食物。

如何让孩子喜欢吃蔬菜？我想这也是每个妈妈伤脑筋的事情。在前面的"法式烩土豆"中介绍过让蔬菜更美味的方法，再做一道香气诱人的"孜然土豆粒"，就是把土豆粒炸后撒上孜然粉。这道菜做法简单，非常美味，深受孩子的喜爱。

孜然土豆粒

妙手煮意

主料：土豆 200 克

调料：食用油、盐、孜然粉各适量

做法

1 将土豆去皮，切成 1.5 厘米见方的小粒，用清水洗过，加盐稍腌片刻；

2 将土豆粒放油锅里炸到金黄色，捞起装盘，撒上孜然粉即可食用。

煮妇私经验

土豆切好后要用清水洗去淀粉。

南瓜芋头煲

顺应自然健康养生

食尚之美食，让无数家庭享受和受益，真该认真谢谢你！

——雨明

"健康的食品是天然食物，而非营养保健品。"——等大家想通了，拿一丁点营养剂来哄人赚大钱的商家就惨了！

——wu 稽之谈

有个朋友说要送我一个放大 6 倍的化妆镜，我问干吗要放那么大？她说，我们现在眼睛老化了，用放大镜才能看清楚斑点和皱纹。我说，当人老了，出现皱纹和斑点的时候眼睛花了，这是自然界的安排，就是为了让你不要看得太清楚，这样你才能有自信，你还要用放大镜看清楚干嘛。

对于人类，大自然有着非常巧妙的安排。比如人到老年，曾经沧海，阅尽千帆，不容易激动了，而这个时候身体也恰恰不适合激动了，心脏不好了，血压也高了，一激动就容易出问题。又比如，人老了，身体的消化力减退了，而这时牙齿也开始掉了，就是提醒你要吃容易消化的食物。如果我们又装上了假牙大吃大喝，这就不利于身体健康了。

除了假牙，汽车、空调、新科技都让我们离自然越来越远。科技的发展是神速的，而基因的演变却是缓慢的。虽然人类可以登月飞天，还能够克隆动物、转基因植物，但改变不了四季更替、斗转星移，也改变不了生老病死、花开花落。自然规律是不可变更的，生命也都有其不可改变的生存元素：阳光、空气、运动。健康的生活应该是顺应自然的生活方式，而非舒适过度的所谓时尚生活。健康的食品是天然食物，而非营养保健品。

当我们在享受科技发展带来的舒适时，别忘了人类只不过是自然界的一种生灵。顺应自然，多运动，吃应季食物才是健康的生活方式。每个季节吃什么最好？琳琅满目的食物让人无所适从。食物是大自然的恩赐，每个季节的食物都有着它神秘又美妙的安排。比如，夏季吃西瓜是消暑，现在冬天也吃西瓜，冬天需要消暑吗？显然是不需要的。应该吃在这个季节自然状态下生长得最旺盛的天然食物，而非反季节食物。

做一道秋季的美味素菜"南瓜芋头煲"。秋季是个收获的季节，薯类、菌菇类都是秋季的时令食物，南瓜和芋头都是非常适合秋季的养生佳品，做法简单，香甜美味。

南瓜芋头煲

妙手煮意

主料：芋头 200 克、南瓜 200 克、
银杏 8 颗

配料：蒜 5 瓣，葱头少许

调料：牛奶、盐、食用油各适量

煮妇私经验

银杏不能用太多，也可以不用。

做法

1　芋头、南瓜洗净去皮，切成小块，
分别放油里炸到五成熟捞起备用；

2　锅里放少许油，用蒜头、葱头爆出
香味，倒入芋头、南瓜、银杏，加
入盐和半碗水，用小火煲 10 分钟，
最后加入少量牛奶煮开就可以起锅
装盘了。

鲜虾肉末芙蓉

慢食运动让生活慢下来

慢食慢生活，别三下两下把人的一生给挥霍了。从现在开始我不急不急，慢慢来。

——小瓶子

很好看，看上去也很好吃。中午就做这个菜了。美女煮妇姐做的菜的最大特点就是简单，而且好吃，合了我们所有煮妇的胃口。

——T

太喜欢了。简单的菜搭配起来，宴客也高档起来了！

——朱朱云

"慢食"不是指慢慢地吃饭，它是号召人们反对经常食用快餐食品，提倡有个性、营养均衡的传统美食。国际慢食协会的标志是一只蜗牛，其宗旨是让人们回归传统的饮食习惯中。慢食协会于20世纪80年代发源于意大利，最初世界上拥有这个标志的国家只有20个，如今已拓展至全球130个国家和地区。在我国香港特别行政区和台湾省都有慢食协会，慢食概念近几年才进入我国。

在中国这个全社会都在追求高效率的年代，"慢"总是显得不合时宜。因为太忙，现代都市人往往忽略早餐；午餐就是对着办公室电脑吃快餐；而晚餐则经常是在外面餐馆吃不健康的所谓美食，或者对着家里的电视机匆匆吞下顺路带回的外卖。物欲横流，为追名逐利或迫于生计，高速运转的生活方式危害着人们的身心健康。

"慢食"提倡回归家庭餐桌，回归传统的饮食习惯。这不仅能解决身体健康问题，还可以解决心理问题。慢食一段时间后，人的焦虑感会明显减轻，虽然压缩了一部分工作时间，但效率提高了。"慢食运动"的发展逐渐超越了单纯的食物概念，延伸出一系列新的生活理念，如"慢动"、"慢工"、"慢生活"等，让许多人慢下来，调整一下自己的生活，过一种更加健康的生活。

我们不能控制社会的节奏，但可以控制自己的步伐，虽然拼命努力可以得到更多的东西，但身体的能量是有限的。为了我们自己的身心健康，生活节奏要放慢一些。

"慢食"，简单地说就是让大家吃健康的家常菜，少在外面吃饭。我们也可以回归传统的生活习惯，在家招待朋友。这里介绍一道美味的家宴菜"鲜虾肉末芙蓉"。家宴菜不需要做成餐馆里那样，只要把家常菜稍做美观一点就好了。肉末炖蛋是一道传统的家常菜，但是炖出来的肉会比较硬。这道菜改进一下，把肉末做成汁浇在蛋羹上，更好吃。加上鲜虾比较美观，可以作为家宴菜。

鲜虾肉末芙蓉

妙手煮意

主料：鸡蛋 3 个、鲜虾仁 50 克、肉末
　　　100 克

调料：蚝油、酱油、糖、食用油、淀
　　　粉各适量

做法

1. 鸡蛋加少许盐搅匀后炖成鸡蛋羹；
2. 鲜虾仁背上切一刀，放沸水里汆熟；
3. 肉末用少许油稍炒，加蚝油、酱油、糖，用淀粉水勾芡成汁；
4. 最后，将虾仁放在蛋羹上并浇上肉末汁，即可食用。

煮妇私经验

蒸蛋的时候要注意蛋和水的比例大约为 1 : 1.3。蒸嫩蛋可以用保鲜膜包住，也可以在蒸的时候把锅盖开启一部分。

安神汤 吃出一个睡美人

睡眠不好困扰着许多城市人的生活。睡意在白天如影随形，到了深夜却芳踪难觅，让人的生物钟黑白颠倒，生活无序。睡不好，会带来许多身心问题。

而睡眠对女人是尤其重要的事情，正如俗话所说的那样：男人要吃，女人要睡。最不美丽的女人就是满面疲倦的女人，再厚的浓妆也掩饰不了她满脸的倦意。

童话《睡美人》里的公主睡了百年还不老，可见美女是睡出来的。童话是夸张了点的，但是睡眠的确是红颜不老的必要条件。影星张曼玉年过四旬依然优雅、美丽，当别人问她不老的秘诀时，她也说睡眠是最重要的。

如果你的睡眠有点障碍，除了经常运动和保持良好的生活习惯外，不妨尝试一下食疗的方法。食疗对治疗失眠很有效，并且没有副作用。下面介绍几种简单的食疗方法，教你吃出睡美人。

1. 取凉开水一杯，加入一勺食用醋，临睡饮之，有助于入睡。

2. 睡前吃一个苹果，或者在床头放一个剥开皮的柑橘，可镇静安神，帮助入睡。

3. 睡前泡脚，喝杯热牛奶，只要长期坚持，就会建立起入睡条件反射。

这道"安神汤"，补血、清热、安神、消肿，适合失眠者，也具有很好的养颜美容效果，普通人都可以食用。

网友点评

睡前做热身运动也可以帮助睡眠。放松地泡一个热水澡，用点熏衣草薰香，可以帮助血液循环，松弛神经，有助睡眠。如果泡澡时来一碗这个安神汤，一定更棒！

——大菜

我现在放一个薰衣草的香包在枕头边上，睡眠好了许多，也不知是真的有作用还是心理作用。

——八爪鱼的幸福生活

安神汤

妙手煮意

主料：花生 40 克、绿豆 30 克、
　　　赤豆 20 克、干百合 20 克

做法

1. 将花生、绿豆、赤豆、百合洗净；
2. 将所有原料一起加水炖 40 分钟即可食用。

煮妇私经验

绿豆、赤豆事先泡 2 ～ 3 小时。

第六章

煮妇做餐艺
无限创意尽
在餐桌艺术

餐桌艺术不只是用来果腹的，它是用食物构造精美画面，表达各种情感。餐桌艺术不需要厨艺，也不需要艺术细胞。只要用做菜剩下的一些下脚料，照着书中的做法就可以做出美轮美奂的作品。偶尔做一个餐桌艺术品可以装点重复的生活，用意外的惊喜让爱情常新。

玫瑰芳心

浪漫无限

爱情犹如生活用品。

爱情是糖果，洒落了满心的甜蜜；爱情是衣衫，装点着岁月的精彩；爱情是烟花，绽放着生命的灿烂。

爱情也是老照片，虽然失去光泽、褪色、破损，但它却记载着最甜蜜的回忆。

风花雪月的浪漫是爱情，相濡以沫的亲情也是爱情。情人节是属于热恋中的情侣的，也属于恩爱的夫妻。

浪漫不一定需要华贵的铺陈，不一定要99朵玫瑰才可以表达爱意。如果你有心思，在情人节或特殊的日子做一道餐桌艺术"玫瑰芳心"，一定会给心爱的人带来意外的惊喜。

下面介绍一下"玫瑰芳心"的制作。很简单，不需要技巧，不需要太多的花费，只要心中有爱。

玫瑰芳心

妙手煮意

原料：圣女果（小番茄）
　　　20个、番茄2个、
　　　心形巧克力2块

煮妇私经验

番茄皮可以削得薄一些，不要削断。卷的时候不要卷太紧。

做法

1. 取一个平底的餐盘，将圣女果对半切开，在餐盘上摆出心形的图案；

2. 把番茄像削苹果一样地削皮，然后将皮轻轻地绕在手指上卷起来，再取下来放在盘子上，稍稍整理一下，"玫瑰花"就做好了；

3. 最后在"玫瑰花"旁放上心形巧克力，浪漫的礼物就做好了。

红唇 不只是魅惑

这道"红唇"是用番茄和鲜奶油做成的，是一道做给自己的餐桌艺术。

这道餐桌艺术的灵感来自于画家达利的著名家具作品———红唇沙发，它是以20世纪30年代美国性感偶像梅·韦斯特的嘴唇为原型而创造的沙发。

梅·韦斯特集智慧和性感于一身，是一个让女人目瞪口呆而让男人兴奋莫名的大众偶像。她有一句著名的电影台词："最有价值的并不是你生命中的男人，而是你与男人在一起的生命。"

最有价值的还是女人自己的生命，男人只是生命中的伴侣，灿烂的是那激情燃烧的岁月。当女人倾尽自己的创意和想象力为家人构造了无数浪漫和温馨后，应当为自己做一只红唇。它是女人心底的一个梦，演绎着属于自己的梦想和风情。性感、妖娆的红唇不是为了诱惑男人，只为再现唇间那一抹夺目的生命之火。

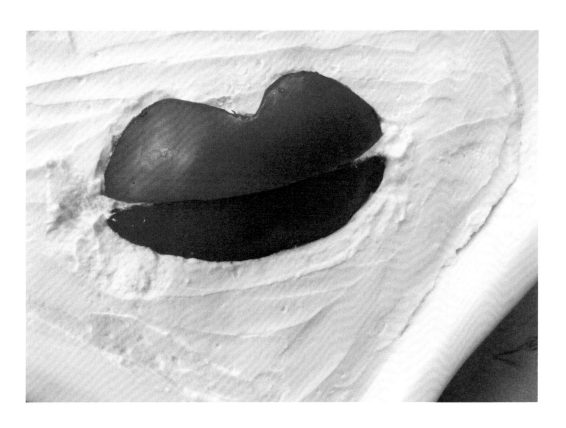

红唇

妙手煮意

原料：鲜奶油 200 克、番茄 1 个

做法

将鲜奶油铺在盘子上，番茄用剪刀剪
出上、下两片嘴唇，放到奶油上即成。

煮妇私经验

因为奶油是软的，可以调整嘴唇
的形状。

童趣饭团

天使之爱

孩子是天使，与天使相伴的日子是女人一生中最幸福的时光，享受着与孩子共同成长的快乐。充满母性的女人都拥有一份精致的心境，对孩子的大事小事都倾注着热情和爱意。孩子的一颦一笑，一举一动，母亲都收入眼中。孩子的吃饭问题，更是母亲的头等大事。

吃，对孩子是最大的诱惑。当然，现在的孩子爱吃的不是饭，而是零食、炸鸡之类的东西。孩子不是厌食，是厌饭。孩子不吃饭是最让母亲焦心的事了，把饭做成各种可爱的饭团，一定能让孩子食欲大开。

饭团怎么做呢？每个年轻妈妈的心里都装满了童话，做一个充满童趣的儿童餐一定不是难事。图中的饭团是由米饭、海苔片、番茄做成的。在饭团里包上孩子喜欢吃的火腿肠、肉松等；可以用海苔片在饭团上贴出各种可爱的图形，如图中的小企鹅，或者一个笑脸等等；小嘴巴是用番茄皮剪出来的；小企鹅身后的城堡是由蔬菜、水果搭成的。

这样可爱的儿童餐不仅是为厌饭的孩子设计的，也可以在周末、儿童节或者孩子生日时带给孩子意外的惊喜。童话中的情节都可以成为制作儿童餐的蓝本，让孩子在童话中享受可口的美食和聪慧的母爱。

金榜题名

莘莘学子

虽然应试教育乏善可陈，对应试教育的批判也不绝于耳，但是，高考依然是我们这个社会绝大多数孩子无法绕过的一道坎。

虽然金榜题名不再是值得骄傲的事情，但是让孩子上最好的学校，依然是每个家长最真切的愿望。

虽然我们都知道孩子未来的生活能力与成绩没有直接的关系，但家长最关注的依然还是孩子的成绩。

学习和考试对孩子和家长都是沉重的话题。除了时时督促孩子努力外，适当的鼓励对孩子可能会是更有力的支持。这道"金榜题名"的餐桌艺术是为我朋友的孩子参加高考而制作的，算是对孩子辛苦学习的一点精神慰藉吧！而朋友的孩子也如愿考取了一所 985 大学。

这道餐桌艺术我选用英文报纸作为背景纸，因为英语是许多中国学生读得最辛苦的一门课。红色边框的玻璃餐盘意味"金榜"，是我跑了半个城市淘到的餐具。"题名"自然要用笔，笔杆是芦笋做的，笔头是将大葱切丝，放开水里烫软，笔杆和笔头连接的地方用红辣椒绕上一圈。书是南瓜刻出来的，在南瓜上放一些芝麻代表字，"金榜题名"就做好了。当然，这道餐桌艺术不是用来吃的，只是用食物来表达一份心意。

笑意果盘 化千愁

家庭中、情人之间难免会有磕磕碰碰的小矛盾。其实，家中吵闹无大事，都是情绪在作怪。吵架是不良情绪积累后的借机释放。所以，有矛盾一定要及时解决，不要放在心里。

有错就认错，不要在乎面子。不过，认错的方式不一定都要用语言。比如，可以在切水果的时候，将水果摆成一个笑脸，就表示你已经认识到自己的错误了。

当然，这个水果盘不只是用来认错的，可以在你任何有兴致的时候制作。也可以在家人遇到不顺心的事情时端出来，以示支持。

家庭生活的意趣都取决于表达的形式。餐桌艺术使得食物超越了一般的食用用途，成为交流情感的方式。

笑脸水果盘制作很简单，眼睛可以选用葡萄等圆形的水果，也可以用水果切出一个小弧线。鼻子可以是梨子、苹果切成的大鼻子，也可以用香蕉、木瓜切个小鼻子。嘴巴就更简单了，只要是红色、黄色等暖色水果就行了，可以是圆形，也可以是弧形。

这道笑脸水果盘非常容易制作，不妨试一试。

二十四桥明月夜

良宵一刻值千金

金庸笔下的黄蓉曾给洪七公上过一道叫"二十四桥明月夜"的菜，虽然只是蒸豆腐而已，却让吃遍美食的洪七公食指大动。小说中有精彩的描写，"……黄蓉十指灵巧轻柔，将豆腐这样触手即烂之物削成二十四个小球放入先挖了二十四个圆孔的火腿内，扎住火腿再蒸，等到蒸熟，火腿的鲜味已全到了豆腐之中，火腿却弃之不食"。

有家餐馆也按此法设计了这道菜。虽没有黄蓉的功夫，但以造雪糕球的羹匙代替桃花岛的"兰花拂穴手"来挖豆腐。火腿钻24个洞也没难倒商家，他们以电钻在坚硬的金华火腿上钻洞。据说，这家餐馆还请了金庸先生去品尝。

二十四桥其实不是二十四座桥，它是扬州的一座桥，因杜牧的诗而闻名。"青山隐隐水迢迢，秋尽江南草未凋，二十四桥明月夜，玉人何处教吹箫？"青山秋水迷蒙着空幻的意境，那似有若无的玉人箫声散发着浪漫的情调。

虽然喜欢金庸小说中的美食，但我没有黄蓉的功夫，也没有电钻可用，金庸的那道"二十四桥明月夜"是做不来的。我更喜欢杜牧原诗的意境，所以，就按自己对诗的理解做了这道果盘"二十四桥明月夜"。

这道餐桌艺术的构思颇费心思，而制作则非常简单。碧绿的湖水是青瓜汁；桥是哈密瓜做的；船是小橘子瓣；切一片白地瓜，然后用瓶盖压出一个圆形，月亮就做好了。

钟爱一生

天长地久

一位法国作家说过，幸福的婚姻就是从结婚到死，不间歇的柔情蜜意。爱情是婚姻的灵魂，是围城中的空气，空气新鲜才能保持婚姻的鲜活。

都说只有天长地久的婚姻，难有天长地久的爱情。维系婚姻远比保持爱情要容易得多。通常爱情不是在琐事中磨损殆尽，便是转化成左手摸右手的亲情。幸福的婚姻是人人向往的生活，那么，如何在平淡的婚姻中保鲜爱情呢？

婚姻就如家常菜，不是因为家常菜不好吃，而是因为重复太多而乏味。重复是快乐的天敌，仙女看久了如同俗妇，美味天天吃也味如嚼蜡。适度制造浪漫点缀重复的生活，让不间断的惊喜来延续激情，方可保鲜爱情。

制造浪漫无须太刻意，只要发挥想象力，就地取材，总会给人惊喜。这道"钟爱一生"就是用做菜剩下的一些下脚料：番茄、柠檬皮、黄瓜、辣椒，外加一块孩子吃的巧克力做成的。将番茄和柠檬皮剪成心形，代表"爱"，长短针是辣椒剪出来的，刻度是黄瓜做的，把它们摆成钟的形状。取名为"钟爱一生"，寓意爱情天长地久，一生不变。

"钟爱一生"是一道充满爱意的"菜"，当然，它不是用来吃的，可以放在餐桌上，也可以垫上丝巾放在客厅、放到床头，带给人的不仅是惊喜，更会激发激情和爱意。

不仅食物的下脚料可以制造浪漫，只要心中有爱，家里的包装纸、旧衣服、废瓶子等都可以用来装点平淡的日子。只要做个有心人，围城的生活将永远充满爱意。

会生活的女人才更美！

书　名：亲切的手作美食
定　价：38.00 元
一段温暖、快乐的厨房手作时光，用双手为爱的人制作健康、放心的食物。

书　名：女人会吃才更美：
　　　　 63 道美容养颜餐
定　价：38.00 元
《红楼梦》中的养颜秘方，流传千年的女人养生经，新浪人气美食博主梅依旧教你吃出由内而外的水嫩容颜！

书　名：烹享慢生活：
　　　　 我的珐琅锅菜谱
定　价：29.80 元
国内首本中式珐琅铸铁锅菜谱，让简单食材华丽大变身。

书　名：溢齿留香·好菜蒸出来
定　价：38.00 元
清淡、鲜嫩、健康，简单质朴的蒸菜里蕴藏生活最本真的滋味！

书　名：臻味家宴
定　价：39.80 元
美食达人臻妈的私房家宴秘籍，用心做出一桌好菜！

书　名：绝色佳肴：点亮生活的
　　　　 72 道极致美味
定　价：38.00 元
绝妙的搭配，绝色的外貌，瞬间点亮你的餐桌。

爱，让一切活动都充满了乐趣。